高等院校生命科学实验系列教材

脊椎动物比较解剖学实验

(第2版)

姚锦仙　程　红　编著

图书在版编目(CIP)数据

脊椎动物比较解剖学实验/姚锦仙,程红编著.—2版.—北京:北京大学出版社,2008.12
(高等院校生命科学实验系列教材)
ISBN 978-7-301-14437-4

Ⅰ.脊… Ⅱ.①姚…②程… Ⅲ.脊椎动物－比较解剖学－实验－医学院校－教材 Ⅳ.Q959.3-33

中国版本图书馆 CIP 数据核字(2008)第 171000 号

书　　　名：脊椎动物比较解剖学实验(第 2 版)
著作责任者：姚锦仙　程　红　编著
责 任 编 辑：黄　炜
封 面 设 计：常燕生
标 准 书 号：ISBN 978-7-301-14437-4/Q · 0118
出 版 发 行：北京大学出版社
地　　　址：北京市海淀区成府路 205 号　100871
网　　　址：http://www.pup.cn　电子信箱：zpup@pup.pku.edu.cn
电　　　话：邮购部 62752015　发行部 62750672　编辑部 62752038　出版部 62754962
印 刷 者：北京大学印刷厂
经 销 者：新华书店
　　　　　787 毫米×1092 毫米　16 开本　9.75 印张　220 千字
　　　　　1999 年 7 月第 1 版
　　　　　2008 年 12 月第 2 版　2008 年 12 月第 1 次印刷
定　　　价：20.00 元

未经许可,不得以任何方式复制或抄袭本书之部分或全部内容
版权所有,侵权必究
举报电话：(010)62752024　电子信箱：fd@pup.pku.edu.cn

内 容 简 介

　　脊椎动物比较解剖学是一门经典学科,近年来由于与生态学、生理学、遗传学、进化生物学、行为生物学、生物化学、分子生物学、材料科学和工程力学等学科的交叉渗透而焕发出青春活力。它不仅是阐述形态结构的学科,而且是分析生物结构与功能的学科,它研究遗传和周围环境影响下的生物体的结构原理,发现各个不同部位的形态结构基础,理解在发育过程中这些结构的演变。因此,本书面向动物学、上述交叉学科以及古生物学和医学等专业的师生,是一本具有较强指导性和较好顺序性的脊椎动物比较解剖学实验用书。书中突出了在进化上占据重要环节的软骨鱼纲、硬骨鱼纲、两栖纲、爬行纲、鸟纲和哺乳纲代表动物的形态解剖和各系统之间的横向比较,加强了学生独立动手能力的训练。

　　全书分成实验和附录两部分。前一部分安排了18个实验,包括低等脊索动物的比较以及脊椎动物各纲在皮肤及外骨骼、骨骼、肌肉、消化、呼吸、排泄、生殖、循环、神经、感官等系统的比较实验,注重各器官系统的机能和进化,并介绍了脊椎动物的方位和切面,以及实验中所需简单解剖器械的名称、使用和保管方法。每一实验均列出目的要求、材料、示例、用具、作业和思考题,文中还穿插着有关提问。全书附有精美实体照片和插图共203幅,密切配合实验,便于学生理解掌握解剖结构。第二部分的6个附录为使用本书的读者提供了方便。

第 2 版前言

脊椎动物比较解剖学是一门经典学科,近年来由于与生态学、生理学、遗传学、进化生物学、行为生物学、生物化学、分子生物学、材料科学和工程学等学科的交叉渗透而焕发出青春活力。它不仅是阐述形态结构的学科,而且是分析生物结构与功能的学科,它研究遗传和周围环境影响下的生物体的结构原理,发现各个不同部位的形态结构基础,理解在发育过程中这些结构的演变。

本书以第 1 版为基础,在第 2 版编写过程中根据教学的实际需要适当调整了实验顺序和内容,将第 1 版的 21 个实验缩并为 18 个实验,每次实验仍为 3~4 个学时。内容具体变化如下:(1)在骨骼比较部分增加了人体骨骼的内容;(2)适当增加了鲤鱼、小鼠和大鼠的外形观察和内部解剖等内容;(3)在附录中增加了"兔、蟾蜍动静脉血管注射简要方法";(4)附录中更新了"脊椎动物地质史上的发展简表";(5)将第 1 版实验 1 和实验 2 的"脊椎动物分类"缩减为附录中的"脊索动物分类概要",列出了脊索动物主要门类的特征和代表实验动物;(6)将第 1 版实验 9 和实验 10 的肌肉系统合并为实验 7;(7)将第 1 版绪论的"实验注意事项"、"实验用解剖器械的名称、使用和维护"、"脊椎动物的方位和切面"等内容放至附录中。

第 2 版对第 1 版的图片进行了大量的修改和替换。在教学过程中,编者深切感受到用平面图形和文字描述来表达复杂、立体的解剖结构仍与实物之间存在一定的差距。因此,为了便于学生理解,编者在教学中采用实物照片和投影,使看似晦涩的描述变得一目了然,取得了良好的教学效果。也因此,在第 2 版中编者采用了教学积累的实物照片、国内外优秀教材的改绘图片,使书中插图由原来的 143 幅增加为 203 幅。

随着学科的发展,本书不仅适用于动物学、古生物学和医学专业的本科生、研究生及教师,也可以作为动物生物学及实验、发育生物学、遗传学、进化生物学、行为生物学、生态学、生理学、生物化学、分子生物学、材料科学和工程力学等相关专业的参考书。

本书第 2 版由程红负责审稿,姚锦仙负责文字整理、图片编辑和统稿工作。

在本书第 2 版的出版过程中,北大出版社的黄炜编辑付出了诸多努力。另外,北京大学的齐瑞娟、陈梅、孔淑贤等诸位同学为整理和修改本书图片也付出了宝贵的时间和辛苦劳动,在此一并致以衷心的感谢。

由于编者水平所限,书中难免有不完善和错漏之处,还敬请大家及时予以指正,意见和建议可直接联系编者(email:jxyao98@gmail.com)。

最后,衷心祝愿诸位读者在学习过程中愉悦地体会这门经典学科的魅力!

编 者
2008 年仲夏于燕园

第1版前言

本书旨在为高等院校开设"脊椎动物比较解剖学"课程的师生提供一本具有较强指导性和较好顺序性的实验指导用书。作者吸取多年来在教学中积累的经验，参考国内外优秀的实验用书，结合动物专业，尤其是将此课程列为必修课的医学院校各专业的需要，对以往的实验内容和顺序作了较大改动。本书突出了在进化上占据重要环节的软骨鱼纲、两栖纲和哺乳纲代表动物的形态解剖和各系统之间的横向比较；加强了动手能力的训练，并特别注意解剖的顺序性和实验中容易出现的误区，能够较好地调动学生的学习主动性和积极性，争取做到学生基本不依赖教员，根据实验指导就能独立完成各个实验。实验指导中穿插有关提问，每个实验后还附有作业和思考题，使学生能把感性知识提高到理性认识，并与书本上的理论紧密结合起来。该书图文并茂，穿插143幅图，密切配合实验内容，便于在实验操作中随时参考。

本书安排了21个实验，每次实验3~4个学时。为使学生对脊椎动物进化的线索有一个感性认识，我们增加了"脊椎动物的分类"实验，并附有"脊椎动物地质史上的发展简表"，便于学生学习和理解。但如果学习"脊椎动物比较解剖学"的学生已经有"脊椎动物学"的基础，此实验可删去。其他实验，教员可根据教学需要和时间适当进行调整。

本书编写过程中，杨安峰教授与编者就本书内容和安排多次进行讨论，交换意见，提出宝贵建议，提供有关资料、书籍和图谱，并阅读原稿，提出修改意见；马莱龄教授阅读原稿，提出多项修改意见；唐兆亮、邵绍源和张中慧等先生与编者就书中有关内容交换意见，提供丰富的教学经验与宝贵建议，对本书的编写起到了促进和提高的作用，在此一并衷心感谢。

由于编者水平有限，本书难免有不完善和错误之处，敬请读者给予批评和指正。

编 者
1995年7月于北京大学生命科学学院

目 录

A. 实 验 部 分

实验 1　海鞘和文昌鱼的比较 ·· (3)
实验 2　几种实验用脊椎动物的外形观察 ··· (8)
实验 3　皮肤及其外骨骼的比较 ··· (14)
实验 4　中轴骨骼的比较——脊柱和肋骨 ·· (19)
实验 5　中轴骨骼的比较——头骨 ·· (32)
实验 6　胸骨、带骨、附肢骨的比较 ·· (44)
实验 7　肌肉系统的比较 ··· (54)
实验 8　消化系统和呼吸系统的比较——鲨、鲤鱼、蟾蜍、石龙子 ······························· (68)
实验 9　消化系统和呼吸系统的比较——鸡、兔、大鼠和小鼠 ···································· (75)
实验 10　泄殖系统的比较——鲨、鲤鱼、蟾蜍、石龙子 ·· (84)
实验 11　泄殖系统的比较——鸡、兔、大鼠和小鼠 ··· (90)
实验 12　鲨的循环系统 ·· (97)
实验 13　蟾蜍的循环系统 ··· (102)
实验 14　兔的循环系统 ·· (107)
实验 15　鲨鱼的神经系统和感觉器官 ··· (114)
实验 16　蟾蜍(蛙)的神经系统和感觉器官 ··· (120)
实验 17　家兔的植物性神经和脊神经 ··· (124)
实验 18　兔的脑和脑神经 ··· (129)

B. 附　　录

附录Ⅰ　实验注意事项 ·· (137)
附录Ⅱ　实验用解剖器械的名称、使用和维护 ··· (138)
附录Ⅲ　脊椎动物的方位和切面 ·· (139)
附录Ⅳ　兔、蟾蜍动、静脉血管注射简要方法 ··· (141)
附录Ⅴ　脊索动物分类概要 ··· (142)
附录Ⅵ　脊椎动物地质史上的发展简表 ·· (143)
参考书目 ·· (144)

A. 实验部分

实验 1　海鞘和文昌鱼的比较

【目的要求】

通过对文昌鱼的观察,认识脊索动物门的三大特征;通过对文昌鱼和海鞘的观察比较,分别了解头索动物亚门(Cephalochordata)、尾索动物亚门(Urochordata)的共性与特性。

【材料】

文昌鱼(*Branchiostoma belcheri*)浸制标本和整体制片及过咽部横切面切片。

【示例】

柄海鞘(*Styela clava*)的浸制标本,文昌鱼整体模型,海鞘幼体模型;文昌鱼的口笠、缘膜、内柱、肾管、精巢、卵巢的显微切片,海鞘幼体尾部脊索显微切片。

【用具】

显微镜,放大镜。

【观察】

一、文昌鱼

1. 外形观察

用肉眼或放大镜观察文昌鱼浸制标本。文昌鱼体长 4～5 cm,半透明,两端尖而左右侧扁,形似小鱼,无头和躯干之分。试分辨其前、后、背、腹(图 1-1)。身体前端腹面有一大孔,周围以薄膜围成,为口笠。口笠边缘生有触须,有感觉功能(图 1-2)。身体背部有一纵行褶,褶为背鳍,在尾部边缘加宽,为尾鳍。尾鳍在腹面向前延伸至体后三分之一处,为臀鳍。身体腹面两侧各有一条由皮肤下垂形成的成对纵褶,为腹褶。两条腹褶在后方汇合,在与臀鳍交界处有一孔,为腹孔或围鳃腔孔。腹孔后方,尾鳍与臀鳍交界处偏左侧有一孔,为肛门。

透过半透明的身体可见到肌节呈"<"形排列,顶角朝前,两相邻肌节间有薄层白色结缔组织,为肌隔。身体两侧肌节下端各有一排白色方形小块,为生殖腺,共约 26 对。浸制标本中肉眼较难分辨出精巢或卵巢。新鲜标本中,精巢为乳白色,卵巢为淡黄色。

2. 整体制片观察(幼体)

取一文昌鱼整体制片在显微镜的低倍镜下观察(图 1-3),首先辨别前、后、背、腹。

观看背面,背鳍内含有长方形结构,为鳍条,起支持鳍的作用。鳍条下方为神经管,沿神经管两侧壁排列成行的黑色小点为脑眼,起感光作用。神经管前端有一个色素点,即眼点,比脑眼大,但无感

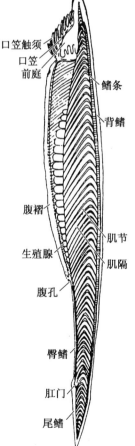

图 1-1　文昌鱼的外部形态(左侧面观)

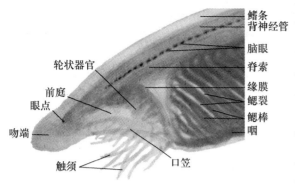

图 1-2　文昌鱼的前部（×100）

光作用。眼点上部稍偏左方有一凹陷，为嗅窝（制片上不易见到），功能不详。神经管下方可见脊索，较神经管宽，两端稍尖，纵贯全身并突出于神经管之前，故名头索动物。

脊索腹面为消化道，从前向后观察。漏斗形口笠内（图 1-1,1-2）的空腔称为前庭。前庭背中央处有一条纵行的沟状结构，为哈氏窝，它是类似于脑下垂体的结构（图 1-3）。前庭底壁上有数条染色较深的指状突出物，为轮状器官，其表面覆以纤毛上皮。轮状器官后方有由括约肌构成的一垂直薄膜，为缘膜，口位于缘膜中央。缘膜边缘上生有十余条短突起，为缘膜触手。

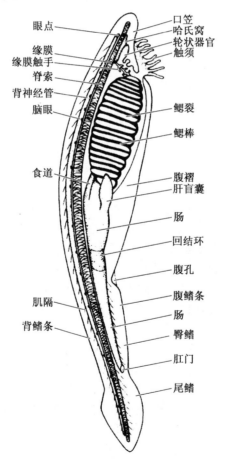

图 1-3　文昌鱼内部解剖

口后方为咽，长度几乎为体长的一半。咽壁由许多背腹斜行的鳃棒组成，两鳃棒之间空隙为鳃裂。鳃裂开口在围鳃腔内，围鳃腔以腹孔与外界相通。咽后为肠，是一条未分化的直管。肠管前端腹面向右前方伸出一肝盲囊（作用相当于肝脏），显微镜下可见到在咽后部右侧的一个深色指状结构即肝盲囊。肠管后端渐细,有一段染色很深的部分,为回结环。该处肠管内有纤毛。混有黏液和消化液的食物团在此处被剧烈搅拌成螺旋状环,使消化液与食物彻底混匀,更好地进行消化。肠管末端以肛门开口于身体左侧。

3. 咽部横切面切片观察

取过咽部的横切面切片在显微镜下观察(图1-4),辨认以下各部分。

(1) 皮肤

皮肤由表皮和真皮组成,表皮位于身体表层,由单层柱状上皮细胞构成,真皮为表皮下方一薄层胶冻状结缔组织(见图1-4,3-1)。

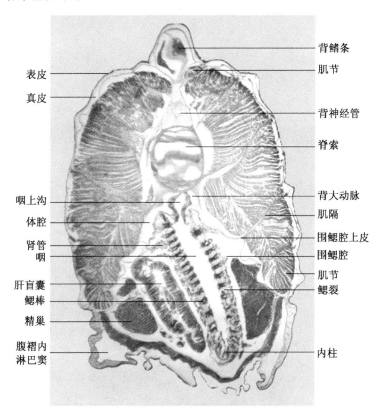

图1-4　文昌鱼通过咽部的横切面(×4)

(2) 背鳍

背中央突起部为背鳍,鳍内有卵圆形鳍条支持。

(3) 腹褶

腹褶为腹部的成对的皮肤突起,内有淋巴窦。

(4) 肌节

肌节位于身体两侧,横断面为圆形,肌节间有结缔组织的肌隔。肌节从背向腹逐渐变薄。

观察时请思考:为什么一个断面上有许多肌节出现?围鳃腔腹部有横肌存在,有何功能?

(5) 神经管

神经管位于背鳍条下方及背部肌节之间,中央具管腔。常见有裂隙从管腔向神经管背中线,这是神经管背面尚未完全愈合的现象。有时在切片上可见到从神经管发出的背神经根。

(6) 脊索

脊索位于神经管正下方,横切面呈卵圆形,较神经管粗大。脊索周围有结缔组织形成的较厚的脊索鞘,此鞘也包围了上方的神经管。

(7) 围鳃腔

围鳃腔为一大空腔,占腹部的一半,是由腹褶在腹面中央愈合,将外界空间包进形成一个管状腔,并逐渐扩展,从腹面和两侧包围咽部而形成。

(8) 体腔

体腔由于围鳃腔的扩展而被挤到咽背面两侧,形成一对纵行的狭管。此外,在咽腹面的内柱腹侧也留有一窄的体腔管(图1-5)。体腔背面有时可见到一对背大动脉。

(9) 咽

咽位于围鳃腔中央,呈长圆形。因鳃棒斜向排列,在横切面上则可见到多个横断的鳃棒。咽背中线有一深沟,为咽上沟;腹中线也有一条同样的沟,为内柱。内柱由腺细胞和纤毛细胞组成,是甲状腺的前身(图1-5)。

(10) 肾管

体腔与鳃棒外缘之间的小管为肾管,沟通体腔和围鳃腔,为文昌鱼的排泄器官。

(11) 肝盲囊

肝盲囊位于咽的右侧,为一卵圆形而中空的结构,由高柱状上皮衬里。

(12) 生殖腺

生殖腺位于围鳃腔外侧面,并向腔内突出,着色较深。如中间细胞具有大的深染的细胞核,则为卵巢;而精巢的中间细胞呈条纹状。

观察时请思考:成熟的生殖细胞如何排出体外?

观察有关示例切片,并作简单记录。

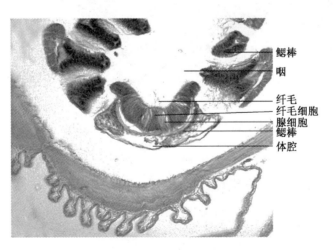

图1-5 文昌鱼的内柱

二、柄海鞘

海鞘幼体自由生活,成体营固着生活,其间经过逆行变态。

1. 成体观察

观察柄海鞘成体浸制标本。其身体像一个椭圆形囊袋,外被以坚韧的被囊,这是由一种近似植物纤维素的被囊素构成。固着的一端为基部,呈长柄状。顶端有两个孔,位置较高的为入水管孔(口孔),稍侧面的孔为出水管孔(围鳃腔孔)。水由入水管孔进入体内,由出水管孔排出体外。

2. 幼体观察

(1) 在显微镜下观察海鞘幼体切片

幼体营自由游泳生活方式。外形似蝌蚪,尾部侧扁,脊索仅在尾部,形成尾的中轴(图 1-6)。成体脊索消失。

(2) 观察海鞘幼体模型

注意背神经管(成体中退化成一个神经节)、脊索(尾部)、鳃裂、围鳃腔等结构。身体前端有附着突起。幼体自由生活很短的一段时间后就附着在物体上,开始变态。

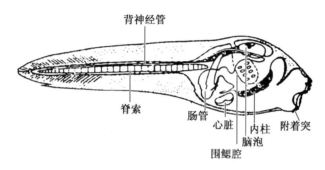

图 1-6 海鞘幼体

【作业】

绘文昌鱼经过咽部的横切面图,注明主要结构名称。

【思考题】

1. 脊索动物门的三大特征在海鞘和文昌鱼中的表现如何?比较它们的异同。
2. 总结文昌鱼结构上的进步性、原始性和特化性,说明文昌鱼在动物界的地位。
3. 区别名词:围鳃腔,体腔。

实验 2　几种实验用脊椎动物的外形观察

【目的要求】

通过对七鳃鳗、鲨、鲤鱼、蟾蜍或蛙、石龙子、家鸡或鸽、家兔或小鼠的外形观察,了解其所代表的圆口纲、软骨鱼纲、硬骨鱼纲、两栖纲、爬行纲、鸟纲和哺乳纲的外形结构特征及这些特征与环境的适应性,为深刻理解其内部各系统的形态结构和机能及结构的变化奠定基础。

【示例】

东北七鳃鳗(*Lampetra morii*)的整体浸制标本和骨骼浸制标本,七鳃鳗咽部横切片;鲨的浸制标本(星鲨 *Mustelus manazo* 或斜齿鲨 *Scoliodon* sp.);鲤鱼(*Cyprinus carpio*),蟾蜍(*Bufo bufo*)或黑斑蛙(*Rana nigromaculata*),石龙子浸制标本(*Euneces chinensis*),家鸡(*Gallus gallus domestica*)或家鸽(*Columba livia domestica*),家兔(*Oryctolagus cuniculus domestica*)或小鼠(*Mus musculus*)。

【观察】

一、东北七鳃鳗

1. 外形观察

七鳃鳗体呈鳗形(图 2-1),尾形侧扁,较文昌鱼进化。有头的分化,身体分为头、躯干、尾。全身光滑无鳞。无偶鳍,只有奇鳍,包括两个背鳍和一个尾鳍。尾为原型尾。雌体另有一臀鳍。头前端腹面有一个圆形漏斗状口吸盘,吸盘周缘有乳头状突起,可吸附在其他鱼体上营半寄生生活。吸盘内生有角质齿(图 2-2)。头两侧有一对无眼睑的眼,被一层透明的膜覆盖。眼后方各有 7 个圆形的鳃裂开口。两眼之间有单一的鼻孔。

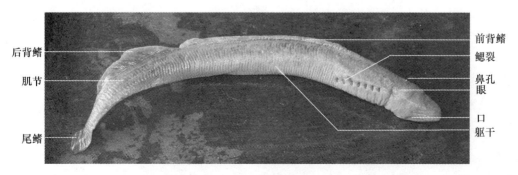

图 2-1　东北七鳃鳗的外形

实验 2　几种实验用脊椎动物的外形观察

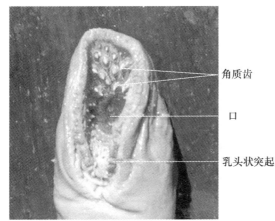

图 2-2　七鳃鳗的口漏斗

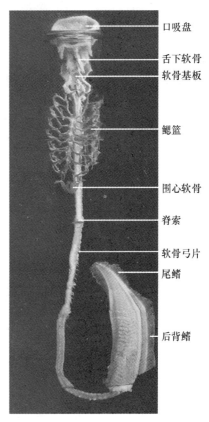

图 2-3　七鳃鳗发达的脊索和软颅基板

2. 咽部横切片的显微镜观察（示例）

主要观察脊髓、脊索和鳃裂。脊髓位于背面，中央有髓管。脊索发达，位于脊髓腹面。具有典型的脊索结构：最外面包有脊索鞘，是厚的纤维组织，并向上包围脊髓；紧贴在脊索鞘内面的是一薄层成索细胞，细胞小而排列紧密，细胞核染成深蓝色；由此向内为泡状细胞，细胞膨大成泡状，胞内充满液体，具有一定的膨压。咽部有鳃裂和鳃棒。

3. 七鳃鳗骨骼浸制标本（示例）

在长圆柱状脊索背面具有成对的白色小软骨弓片（图 2-3），为雏形的脊椎骨，因而属脊椎动物亚门。

二、鲨

鲨是软骨鱼纲的代表（图 2-4）。鱼类具有比圆口类更进步的机能结构。已出现了上下颌及成对的附肢，有了典型脊椎骨的结构，脊柱代表了脊索作为支持结构，脑和感觉器官更为发达。但由于仍为水生，身体仍分为头、躯干、尾三部分；仍以鳃进行呼吸，血液单循环；体表被盾鳞。软骨鱼类的内骨骼完全由软骨构成，口位于腹面，偶鳍水平位，歪尾型尾鳍。雄性具交配器。以单一的泄殖腔孔通体外。

鲨鱼为海生，游泳迅速，性凶猛，肉食性。星鲨和斜齿鲨体长约 60 cm，身体呈纺锤形，分为头、躯干和尾三部分。最后一个鳃裂为头与躯干的分界，泄殖腔孔为躯干与尾的分界。体表覆盖细小的盾鳞,用手由后向前抚摸体表,会有粗糙似砂纸的感觉,这是因盾鳞向后的棘突构成。体侧有白线沿身体全长纵行,此为侧线,是陷在皮肤内的纵行管,处于水平生骨隔外缘(见图 4-3)。

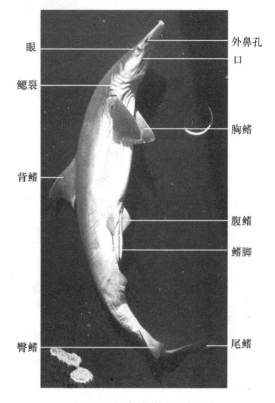

图 2-4 斜齿鲨(雄性)外形

1. 头部

头前端具吻突,口位于腹面,横裂,口边缘具齿。星鲨具覆瓦状排列的同型盾状齿,斜齿鲨具尖锐齿。一对外鼻孔腹位,位于口前方,每一鼻孔中央有一皮肤垂瓣。请思考:皮肤垂瓣有何功能?头背侧有一对眼,星鲨眼上位,斜齿鲨眼侧位。眼均具有上下眼睑和瞬膜(后者位于下眼睑内缘)。星鲨眼后有一对与咽相通的喷水孔,斜齿鲨无喷水孔。头后两侧、胸鳍前后的区域有鳃裂。数一数看各有几个鳃裂?头部散布许多小孔,用手指轻轻挤压小孔,可见液体由孔内流出(新鲜时流出黏液),它们是电感受器罗伦氏壶腹与体外相通的孔道。

2. 躯干和尾

鲨具有发达的鳍,包括偶鳍(胸鳍和腹鳍,均呈水平位)和奇鳍(背鳍、臀鳍和尾鳍)。尾侧扁,尾鳍上下两叶不对称,上叶大,下叶小,其内椎骨歪向上叶,为歪尾型。左右腹鳍中间为泄殖腔孔,是消化、排泄和生殖的共同开口。雄鲨腹鳍内侧骨向后延伸形成一对鳍脚,为交配器官。

三、鲤鱼

鲤鱼是硬骨鱼纲的代表(图 2-5)。体呈纺锤形,略微侧扁,身体分头、躯干、尾。头的前端为口,口两侧各有一对口须,口上有一对外鼻孔。头后两侧有宽扁的鳃盖,鳃位于其中。奇鳍包括背鳍、臀鳍、尾鳍。背鳍最前端有一硬刺。尾鳍两叶相等,为正形尾。臀鳍的前端也有一硬刺。注意:偶鳍不是水平向展开而是垂直面展开,包括胸鳍和腹鳍。

鲤鱼体表光滑,被以一层上皮组织,并由其分泌大量黏液,游泳时减少阻力。表皮之下覆盖一层圆鳞,圆鳞以覆瓦状排列。躯体两侧各有一条侧线管,侧线管位于皮肤下,穿过侧线鳞。被侧线穿过的鳞片称侧线鳞。鳞式表示鳞片的排列方式,为:

$$侧线鳞数 \frac{侧线上鳞数(侧线至背鳍前端的横列鳞)}{侧线下鳞数(侧线至臀鳍起点基部的横列鳞)}$$

请按照这个公式写出鲤鱼的鳞式。

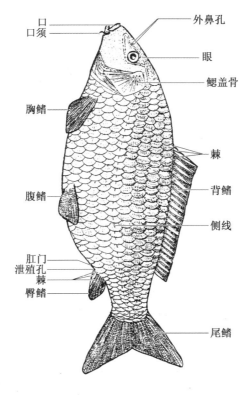

图 2-5 鲤鱼的外形
(仿陶锡珍,1994)

四、蟾蜍或蛙

蟾蜍和蛙是两栖纲无尾目的代表(图 2-6)。两栖类是由水生到陆生的过渡类群,必须生活在潮湿或有水的环境。体表裸露无鳞,表皮轻微角质化。内鼻孔出现,用肺呼吸,但不完善,以皮肤为辅助呼吸的器官;不完全双循环。偶鳍进化为典型的五趾型四肢,身体分为头、颈(极不明显)、躯干及四肢。中耳出现,鼓膜位于体表。

蟾蜍成体营水陆两栖生活,陆上运动以跳跃为主。肉食性。身体分为头、颈、躯干和四肢,颈部极不明显(仅一个颈椎出现)。蟾蜍皮肤具多而密的疣粒,蛙皮肤光滑、多黏液。幼体蝌蚪完全水生。

1. 头部

头呈三角形,口大而阔,吻端有对外鼻孔,其上有瓣膜。眼有上下眼睑,下眼睑具瞬膜,透明状,可向上遮盖眼球。眼后有一对圆形鼓膜,位于皮肤表面,尚无外耳道出现。雄蛙口角之后有一对声囊,蟾蜍无声囊。蟾蜍眼后上方有一对长椭圆形隆起,此为毒腺,青蛙无毒腺。

2. 躯干和四肢

躯干部短而宽。前肢较短小,后肢长大发达,适于跳跃。前肢4指,指间无蹼;后肢5趾,趾间具蹼。请思考:指趾端有无爪?雄性前肢第一指内侧膨大加厚,生殖季节更为明显,此为婚垫或婚瘤。躯干部后端偏背侧有泄殖腔孔。

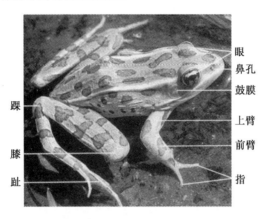

图 2-6　蛙的外形
(仿 Graaff,1994)

五、石龙子

石龙子是爬行纲的代表(图 2-7)。爬行动物完全摆脱了水环境的束缚,进一步适应陆地生活。体表被鳞,皮肤角质化加深。颈椎数目增多,颈部明显。五趾型四肢及带骨进一步完善,趾端具爪,适于在陆地上爬行运动。肺呼吸进一步完善,胸廓出现。鼓膜内陷,出现外耳道。在陆地产卵繁殖,卵为羊膜卵(爬行纲以上动物称羊膜类),以单一泄殖腔孔通体外,排泄物以尿酸为主。

石龙子完全陆生,生活在山间草丛和岩缝内,昼行性,以昆虫为食。身体形状似有尾两栖类,可分为头、颈、躯干、尾和四肢,尾后端逐渐变细。后肢基部腹面有横裂的泄殖腔孔,为躯干和尾的分界。全身被覆瓦状排列的角质鳞,防止体内水分蒸发;腹部鳞片近圆形。皮肤缺少皮肤腺。头顶部有对称排列的大鳞,头部两侧有外耳道,其深处有下陷的鼓膜。眼较小,有眼睑和瞬膜。颈部明显,四肢发达。前后肢均为五趾(指)型,指趾端具爪。

图 2-7　石龙子

六、家鸡或家鸽

家鸡和家鸽为鸟纲代表(图 2-8)。鸟类是在爬行类的基础上适应飞翔生活的一支特化的高等脊椎动物。体表被羽,身体流线形,前肢变为翼。骨骼轻而多愈合。血液完全双循环,具有高而恒定的体温,为恒温动物。神经系统和感官发达,有复杂的行为。杂食性。身体分为头、颈、躯干、尾和四肢。头前端有一长形喙,外覆角质鞘。鸽喙稍短,尖端膨大,基部柔软具蜡膜。上喙基部有一裂缝状的外鼻孔。眼大,有上下眼睑和瞬膜,瞬膜位于眼眶的前上角。耳孔位于眼后下方,鼓膜下陷形成外耳道,耳孔周围环生耳羽。雄鸡头顶有肉冠。

图 2-8　家鸡

颈长且转动灵活。躯干略呈卵形。腹面因发达的龙骨和胸肌而隆出。尾缩短成小的肉质突起。尾端背面有尾脂腺。思考：尾脂腺有何功能？尾脂腺被羽。尾基部腹面有一横裂的泄殖腔孔。

前肢变为翼。后肢的胫部为羽毛覆盖，跗蹠部被覆角质鳞片。雄鸡在跗蹠部后面有发达的距，雄鸽无距。四趾着地，三趾向前，一趾向后，趾端具爪。

七、家兔和小鼠

家兔和小鼠为哺乳纲的代表（图 2-9）。哺乳纲是最高等的脊椎动物。体表被毛，恒温，各系统的结构更为完善。骨骼肌肉高度发达，运动能力强。大脑皮层发达，神经系统机能皮层化。胎生，哺乳。在地球上得到空前的发展。

1. 家兔

家兔为陆生，适于奔跑、跳跃生活。草食性。全身被毛。身体分为头、颈、躯干、尾和四肢。

头部因脑发达而加大，可分为颜面区（眼以前）和脑颅区（眼以后）。口围以肉质唇，上唇中央有纵裂。眼具上下眼睑，瞬膜退化。眼后有一对长而大的外耳壳。

躯干分胸和腹两部分，雌兔腹部有乳头 4～5 对。躯干末端有短尾。尾基部前腹面有 2 个孔，肛门靠后，泄殖孔靠前。左手抓住兔耳

图 2-9　家兔

与颈部皮肤，右手托起兔臀部，使兔腹部朝上，右手拇指按压泄殖孔周围，使泄殖孔扩大，观察泄殖孔的形状以分辨雌雄。雄性为圆形，下接圆锥状阴茎，成熟雄兔泄殖孔周围两侧有阴囊，内藏睾丸；雌性泄殖孔为长裂缝状，裂缝前端呈圆形。

前肢较短弱，后肢长而有力。肘关节角顶向后，膝关节角顶向前，将身体高高抬离地面。前肢 5 指，后肢 4 趾，指趾端均具爪。

2. 小鼠

小鼠是从小家鼠（俗名 house mouse）长期培育而得。全身被白毛，身体分头、颈、躯干、尾和四肢，尾长约与体长相等。头部有一对眼，有上下眼睑；一对大而薄的外耳壳；鼻孔一对，其下方为具有肉质唇的口。五指（趾）型四肢，指、趾端具爪。

可根据外生殖器迅速分辨雌雄。由于小鼠牙齿尖利，易伤人，因此将小鼠的尾高提，观察其后腹部。雄性的后腹部有一个突出的阴茎，距离尾基部较远；雌性后腹部有一个稍微突出的尿乳头，距离尾基部较近，如果是成熟个体，可见到雌性腹部的乳头。

【作业】

绘七鳃鳗、鲨、鲤鱼、蟾蜍或蛙、石龙子、鸡或鸽、兔或小鼠的外形线条图，注明外部各结构的名称。

【思考题】

比较各实验动物外形上的不同，结合其生活环境说明这些变化在动物进化过程中的意义。

实验 3　皮肤及其外骨骼的比较

【目的要求】
掌握脊索动物皮肤、外骨骼的多样性及进化趋势。

【用具】
显微镜。

【示例】
文昌鱼皮肤切片、蝌蚪皮肤切片、蛙皮肤切片、人手指皮肤切片、人头皮切片、盾鳞整装片、圆鳞整装片、栉鳞整装片、鸟羽整装片，雀鳝、鳖、蛇、鳄、鸟、穿山甲、犰狳、大家鼠、3 种鸟羽等标本。

【观察】

一、皮肤

脊索动物的皮肤由表皮和真皮组成。

1. 文昌鱼的皮肤

通过显微镜的中倍镜观察文昌鱼横切面切片（图 3-1）。表皮仅为单层柱状上皮，表皮内有单细胞腺和感觉细胞；真皮很薄，染色较深，由胶状结缔组织组成。

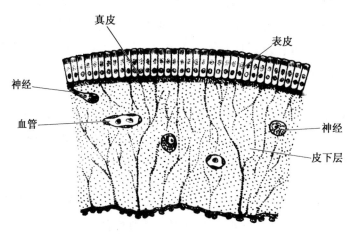

图 3-1　文昌鱼皮肤的切片

2. 鱼类的皮肤

鱼类的皮肤由表皮和真皮组成，表皮很薄，由数层上皮细胞和生发层组成，表皮中富有单细胞的黏液腺（图 3-2），能不断分泌黏滑的液体，使体表形成黏液层，润滑和保护鱼体，如减少皮肤的摩擦阻力、提高运动能力、清除附着在鱼体表面的细菌和污物。同时，使体表滑溜易逃脱敌害。

所以,表皮对鱼类的生活及生存都有着重要意义。表皮下是真皮层,内部除分布有丰富的血管、神经、皮肤感受器和结缔组织外,真皮深层和鳞片中还有色素细胞、光彩细胞以及脂肪细胞。

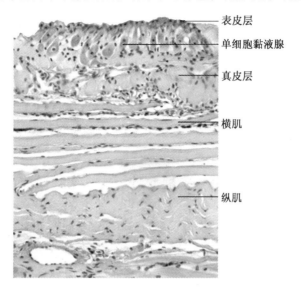

图 3-2　泥鳅的皮肤切片(×40)

3. 蝌蚪的皮肤

蝌蚪为蛙的幼体,水生。在显微镜的中倍镜下观察蝌蚪尾部切片。表皮较薄,为复层扁平上皮组织,表层角质化极轻微。表皮下有色素细胞。真皮较疏松。尾中部淡红色有横纹的组织为肌肉。

4. 蛙的皮肤

在显微镜的中倍镜下观察蛙皮肤切片(图 3-3)。

(1) 表皮

表皮为多层细胞组成。外部的几层细胞为复层扁平上皮,构成角质层;向内,细胞形状由扁变圆,再变为柱形;最下面的一层细胞呈柱形,为生发层,具有分生的能力。表层的1~2层细胞开始发生角质化,其角化程度不深,细胞核还存在,细胞界限还较明显,仍是活细胞。

(2) 真皮

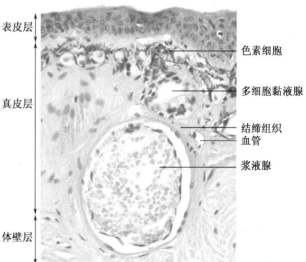

图 3-3　蛙的皮肤切片(×40)

真皮为厚而致密的结缔组织,比表皮约厚3倍。色素细胞为深褐色有指状突起的结构,其中的色素颗粒聚拢时皮肤变浅,反之皮肤变深。皮肤腺由表皮衍生,其后下陷到真皮。真皮中染成淡蓝色的腺体为黏液腺,分泌黏液;内有粉红色颗粒的腺体为浆液腺或毒腺。每一腺体均有导管向上通到皮肤表面。真皮中可看到中空的微血管,有时管内存在椭圆形带细胞核的红细胞。神经不易见到。

5. 人的皮肤

在低倍镜下观察人的手指皮肤切片(图 3-4)。

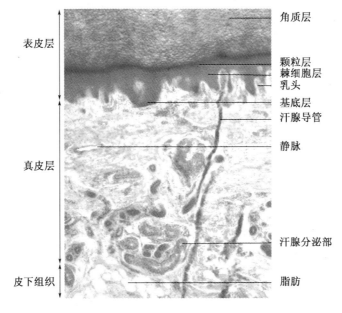

图 3-4　人的手指皮肤切片(×10)

(1) 表皮

表皮厚而结构复杂。表面是由多层角化的扁平细胞组成的角质层,角质化程度更深,因而这一层很厚。在角化层深部有薄而均质状的透明层,由数层扁平细胞组成,胞质透明,胞核消失。透明层下方为颗粒层,厚度不一,一般为2～3层细胞,胞质内含有大小形状不一的透明角质颗粒。在表皮较薄的部位,透明层和颗粒层不明显或不存在。下面为生长层(即基底层),由于真皮乳头的插入而呈波浪形。

(2) 真皮

真皮很厚,由致密结缔组织组成,内有汗腺(表皮下陷形成的单管腺,在切面呈成堆的断面小管;有导管通皮肤表面,因切片的原因而不连续)、血管(小静脉血管壁较薄,管径大;小动脉血管壁厚,管径小)、神经(需特殊染色才可见到)、环层小体(感觉压力和振动的刺激)等结构。真皮上部有许多突起插入表皮基部,为真皮乳头。

二、外骨骼

脊椎动物的外骨骼由皮肤经角化或骨化形成,除现代两栖类外均具有各种形式的外骨骼。

1. 鱼类的外骨骼

(1) 盾鳞

盾鳞为板鳃鱼类(鲨和鳐)所具有。在光线较暗的情况下用低倍镜观察盾鳞制片。盾鳞由基板与棘突两部分组成。基板呈菱形,埋在真皮之内,中央有一腔为髓腔;棘突是基板向上突起的部分。盾鳞外披釉质,为表皮细胞分泌而成,内为齿质,由真皮衍生而来。盾鳞与牙齿同源。

(2) 硬鳞

硬鳞为硬鳞鱼类所具有。观察体被硬鳞的雀鳝标本。硬鳞为坚硬而发亮的菱形板,互相紧密连接,成对角线排列。

(3) 圆鳞

圆鳞为少数硬鳞鱼、现代肺鱼和多数真骨鱼所具有。在暗光下用低倍镜观察圆鳞制片。圆鳞薄而圆,上有同心圆环纹,并有色素颗粒存在。鳞片成覆瓦状排列于表皮之下。游离缘平滑。

(4) 栉鳞

栉鳞为较高等的真骨鱼类所具有。观察方法同圆鳞。栉鳞结构与圆鳞相似,但游离缘具锯齿状突起。

后三种鳞片均为真皮形成的骨质鳞(图3-5)。

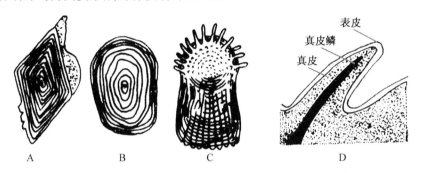

图 3-5　鱼鳞的几种类型以及真皮鳞的内部结构

A. 硬鳞;B. 圆鳞;C. 栉鳞(仿 Torrey,1979);D. 真皮鳞的内部结构(仿 Hilderbrand,1982)

2. 爬行类的外骨骼

爬行类的外骨骼包括鳞片、甲、爪。

(1) 甲

观察龟壳(图4-8)。龟壳由背甲、腹甲及连接背腹甲的桥甲组成。甲有两层,外层为盾,较薄,来源于表皮的角质板(鳖类皮层为厚的软皮);内层为板,较厚,来源于真皮的骨质板。

(2) 鳞片和爪

由表皮角化而成。观察龟被覆上下颌的喙以及腿、颈和尾表面的鳞片,还有四肢尖端的爪。

蛇全身被覆角质鳞片,排列整齐。腹鳞较背鳞宽大,排列成覆瓦状(蜥蜴背腹鳞片大小一致)。

鳄体表被覆角质鳞片。背部角质鳞片下方还具有真皮骨板。指趾端具角质爪。

3. 鸟类的外骨骼

鸟类的外骨骼主要为羽,此外,有喙、胫部和足部的鳞片、趾尖的爪,均为表皮角质化形成。

观察鸟羽标本。羽分三种:正羽(图3-6)、绒羽和毛羽。

(1) 正羽

正羽被覆于体表的大型羽毛,分为羽轴和羽片两部分。羽轴下段半透明部分称羽柄,羽轴两侧斜生出羽枝,羽枝又生出羽小枝。羽小枝具羽小钩或槽,彼此钩结成为一片。

(2) 绒羽

绒羽羽柄甚短,顶端发出多条细长柔软的羽枝,羽小枝上无钩,不能互相钩结为羽片。

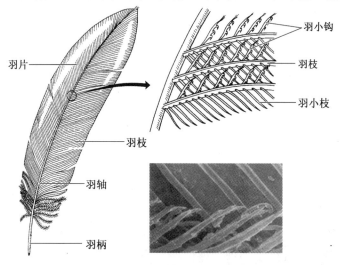

图 3-6　正羽的结构(显微照片示羽小枝和小钩)
(仿 Graaff,1994)

(3) 毛羽

毛羽在拔除正羽和绒羽后方可见到,只具一毛干,顶端发出少数短羽枝。

用低倍镜观察鸟羽制片中羽小枝的钩、槽的形态及其钩结。

4. 哺乳类的外骨骼

哺乳类的外骨骼主要为毛发。在显微镜下观察人头皮切片(图 3-7)。毛由表皮产生,下陷入真皮组织中。每根毛发分为毛干和毛根。毛根埋在皮肤内,由表皮形成的毛囊包裹。毛囊下端膨大成毛球。毛球底部凹陷,含有结缔组织、毛细血管和神经,称为毛乳头。毛囊附近有皮脂腺,为泡状腺,开口于毛囊,分泌油脂,润泽毛发。

哺乳类也有体被鳞或甲的。观察穿山甲、犰狳、大家鼠等示例标本。穿山甲身体背面披角质鳞片,鳞片间有稀疏的粗毛;犰狳体被骨质鳞甲,形成数目不等的能活动的条带,其间分散着粗毛;大家鼠全身被毛,但尾及足上有角质鳞片。此外,哺乳类的爪、蹄、角及指甲均属表皮衍生的外骨骼。

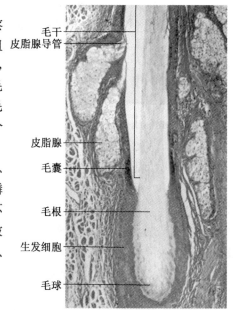

图 3-7　人的毛发和皮脂腺
(仿 Graaff,1994)

【思考题】

1. 表皮在各纲脊椎动物中的特点及导致这些特点的因素,指出由水上陆进化的趋势。

2. 皮肤除外骨骼外还有什么衍生物?

3. 你所观察的外骨骼哪些是从表皮而来?哪些是从真皮而来?有无复合的外骨骼?系统发生上有何意义?

实验4 中轴骨骼的比较——脊柱和肋骨

【目的要求】
了解各纲脊椎动物中轴骨骼的形态、形成、变异和进化。

【用具】
解剖盘,解剖镊。

【示例】
七鳃鳗、鲨鱼、鲟鱼、鳇鱼、鲤鱼、蟾蜍、泥螈、蛙、龟、蜥蜴、蛇、鳄、鸡、袋鼠、家兔、鲸等动物的整体骨骼标本;鲨鱼尾部脊椎骨正中矢状切面及躯干部和尾部横切面标本;鲤鱼、蟾蜍、鸡、家兔和人的离散脊椎骨标本。

【解剖和观察】

一、圆口类的脊柱

七鳃鳗的脊柱结构极为原始,仅在脊索背面具软骨弓片,可看做不完整的椎弓,不起任何支持作用,椎骨的其他部分均未形成。脊索终生保留,为支持身体的主要结构。观察七鳃鳗骨骼标本,在脊索背面、神经管两侧,每一体节有两对细小白色软骨弓片(见图2-3)。

二、鱼类的脊柱

1. 鲟鱼的脊椎

鲟鱼的脊柱较七鳃鳗的进化,已形成椎弓和脉弓,但缺椎体。脊索终生存在,仍为身体的主要支持结构。观察鲟鱼骨骼标本,对照图4-1识别各部分。鲟鱼脊索为长圆柱形,其背面是淡黄色脊髓,脊柱部分为乳白色。脊索背侧大的基背弓片合并成椎弓包围脊髓,并有椎棘向背面延伸。椎弓基部之间有间背弓片。脊索腹面有基腹弓片形成脉弓包围血管,脉弓之间有间腹弓片。躯干部已出现肋骨,与基腹弓片相连。

2. 鲨鱼的脊柱和肋骨

鲨鱼的脊柱仍为软骨,但已具有完整的典型的脊椎骨,包括椎弓、脉弓和椎体,脊索退化,仅呈胶状物质残留于椎体间。数个脊椎骨相接成脊柱,作为身体的支柱。脊柱分为躯干部和尾部。按下列顺序观察鲨鱼脊柱的示例标本(图4-2A,4-3)。

(1) 鲨鱼尾部横切面

标本中,正中圆形软骨为椎体,其中部的凹陷和中央小孔为残余脊索所在位置。椎体背面为椎弓,脊髓位于其中;腹面为脉弓,尾动脉和尾静脉位于其中;椎弓向上延伸部分为椎棘,脉弓向下延伸部分为脉棘。椎骨周围的生骨隔由间充质形成。水平生骨隔由椎体向两侧延伸到侧线(侧面皮肤断面上的小孔为侧线管的位置)所在部位,隔上部肌节为轴上肌,隔下部肌节为轴下肌。背生骨隔在背中线和椎棘所在部位，腹生骨隔在腹中线部位。注意：腹生骨隔在躯干部和尾部有何不同？肌隔是由肌节之间的间充质形成。

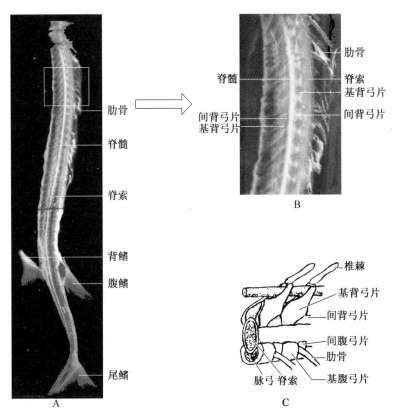

图 4-1 鲟鱼的脊柱
A. 整体；B. 局部放大；C. 示意图

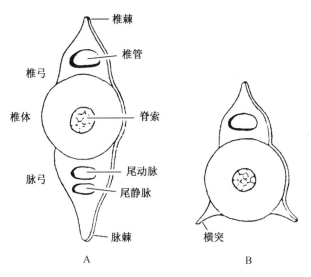

图 4-2 鲨鱼脊椎骨横切面
A. 尾椎；B. 躯干椎

实验 4 中轴骨骼的比较——脊柱和肋骨

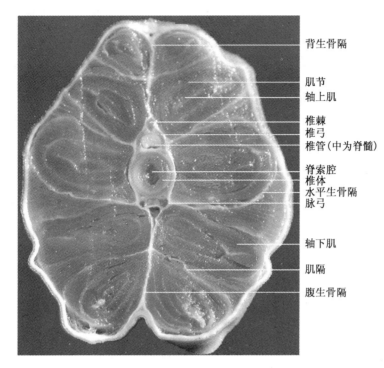

图 4-3 鲨鱼尾部横切（示尾椎和尾肌）

（2）鲨鱼躯干部横切面

鲨鱼躯干部横切面（图 4-2B）与尾部大致相同。因有体腔的存在，轴下肌很薄，与皮肤、骨骼及腹膜共同组成体腔壁。脊椎骨缺少脉弓，但椎体腹面两侧形成一对横突。在水平生骨隔内有细小的肋骨，与椎体横突相接，这些肋骨发生上属于背肋。

（3）鲨鱼尾部脊椎正中矢状切面

观察鲨尾正中矢状切面标本（图 4-4）。切面中间的一行椎骨中，每一椎骨两端凹入，为双凹型椎体，两个椎体相接处构成菱形空腔，即脊索腔，中盛胶状的残留脊索，并穿过椎体中央小管。椎体背部有明显的椎弓，向两侧凸出围住脊髓，椎体之间的脊索腔的背部另有一个方形弓，即间插弓，代表发生期的间背弓片。椎体下方为脉管，管壁由脉弓构成。断面上可见到血管孔的存在。

3. 鲤鱼的脊柱与肋骨

鲤鱼的脊柱（图 4-5）已完全骨化为硬骨，形成身体强有力的支撑，分为躯干部和尾部。观察鲤鱼整体骨骼和分离椎骨标本。

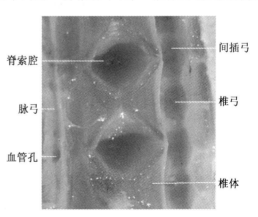

图 4-4 鲨鱼尾部脊椎正中矢状切面

A. 实验部分

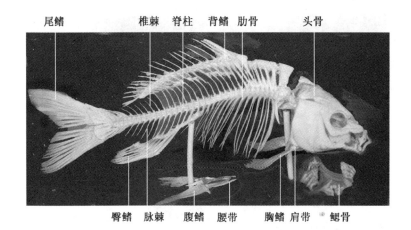

图 4-5　鲤鱼的椎骨

(1) 尾椎骨

尾椎骨具有典型脊椎骨的结构,椎体双凹型,中央有残留脊索存在。椎体背面有椎弓和长而尖锐的椎棘,腹面有脉弓和同样的脉棘。尾椎骨末端歪向上叶,为尾上骨。

(2) 躯干椎

躯干椎与尾椎骨相同的部分为椎体、椎弓和椎棘,但脉弓不存在。椎体横突各与一长圆柱形的肋骨相关节。硬骨鱼的肋骨为腹肋,由脉弓开放而形成,与脉弓同源。肋骨具有扁平的肋骨头。

观察　鲥鱼骨骼示例标本,注意尾部脊椎骨的双椎体(间椎体和侧椎体),椎弓和脉弓只着生在后方侧椎体上(图 4-6)。思考:双椎体说明什么问题?

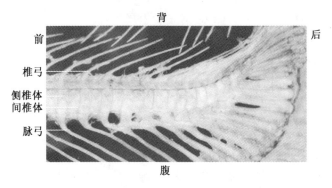

图 4-6　鲥鱼尾部的双椎体

三、两栖类的脊椎

观察蟾蜍或蛙的整体骨骼和分离椎骨,脊柱已分为颈、躯干、荐、尾 4 区(图 4-7)。

(1) 颈椎

颈椎第一次出现,仅一块,名寰椎。前端有 2 个关节窝与头骨的双枕髁相接。背中部略高起处为椎弓,后部有后关节突与第二椎骨的前关节突相关节,无横突。

22

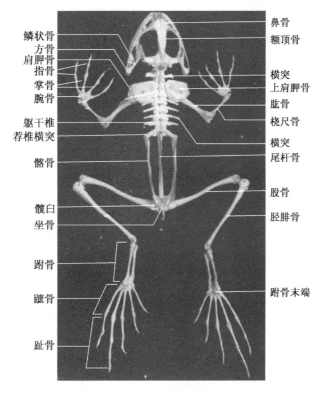

图 4-7　蛙的全身骨骼背面观

（2）躯椎

躯椎共 7 个，椎体前凹型，即前凹后凸（蛙的最后一个躯椎为双凹型）。有明显的前后关节突，分别与前后椎骨相接（即前关节突与前一椎骨的后关节突相接，后关节突与后一椎骨的前关节突相接）。横突长大，无脉弓。肋骨退化为短软骨棒，接在横突末端。思考：前凹型椎体比起鱼类的双凹型椎体在功能上有何不同？

（3）荐椎

荐椎第一次出现，仅一块，横突粗大，与腰带相连接。蛙的荐椎为双凸型，前接第八椎骨，后端具 2 个圆形小突起，与尾杆骨前端的 2 个圆形凹面相关节。

（4）尾椎

尾椎愈合为一长形尾杆骨，前端具 2 个凹面。在距前端不远处的两侧各有一小孔，为尾骨孔，为第十对脊神经的出口。

参看泥螈（有尾两栖类的代表）整体骨骼示例标本，注意与横突所接的肋骨。

四、爬行类的脊柱与肋骨

爬行类的脊柱分为颈、胸、腰、荐及尾 5 区，椎体前凹或后凹型。颈椎数目增加，前两个颈椎特化为寰椎与枢椎。寰椎较短，下部有一凹陷的前关节面与头骨单枕髁相接，后关节突与枢椎相关节。枢椎椎体较大，前端连一小块骨，称齿突，插入寰椎中。齿突实为寰椎椎体。寰椎孔被一横韧带分为上、下两部，齿突在下，脊髓在上。寰椎与枢椎的观察见鸟和兔的分离椎骨标本及图 4-13。

爬行类胸椎明显，与肋骨、胸骨相接形成胸廓；荐椎数目增多，一般为 2 块，横突宽阔与腰带相连。

观察各类爬行动物的脊柱，注意它们的特点。

1. 龟的脊柱与肋骨

龟有颈椎 8 块，前两块为寰椎和枢椎。其骨骼腹面示于图 4-8 中。椎体两端特化，类型多样，前凹或后凹型。无肋骨。躯椎 10 块，连同两块荐椎和第一尾椎与背甲愈合，躯椎和荐椎均具肋骨。前部尾椎具横突和肋骨，后部尾椎具脉弓，横突逐渐消失。肋骨为单头。

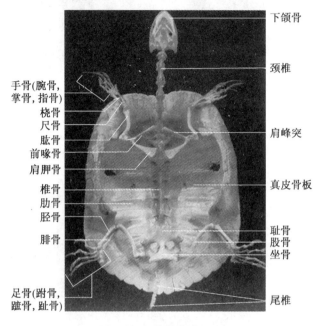

图 4-8　龟的骨骼腹面观
（仿 Graaff,1994）

2. 蜥蜴的脊柱与肋骨

蜥蜴代表典型的陆生爬行类，脊柱分为颈、胸、腰、荐、尾 5 区。椎体前凸型。肋骨发达，为单头。蜥蜴的前 8 对肋骨在腹面与一宽阔的未完全骨化的胸骨相连接形成胸廓。

3. 蛇的脊柱与肋骨

蛇四肢退化，因而脊柱分区不明显，分为尾前区与尾区，代表一种特化类型。蛇的脊柱与肋骨示意于图 4-9 中。其尾前区脊椎骨上附有发达的单头式肋骨（寰椎除外），肋骨远端以韧带与腹鳞相连，借脊柱和皮下肌的作用，通过肋骨支配腹鳞的活动使蛇在地面爬行。

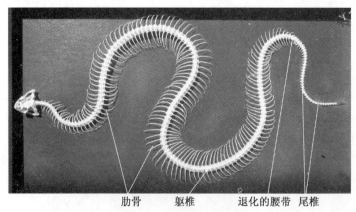

图 4-9　蛇的脊柱与肋骨

4. 鳄的脊柱与肋骨

鳄的脊柱与蜥蜴相似,也分为5区。椎体前凹型。肋骨发达,为双头式,肋骨结节与椎弓横突相关节,肋骨头与椎体横突相关节。图4-10及4-11为鳄的双头式肋骨和颈椎。

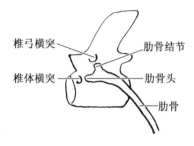

图4-10 鳄的双头式肋骨示意图

图4-11 鳄的颈椎(左面观)

五、鸟类的脊柱与肋骨

鸟类脊柱分为颈、胸、腰、荐、尾5区,因适应飞翔生活变异较大。观察鸡的分离椎骨(图4-12)和整体骨骼的标本(图4-13)。

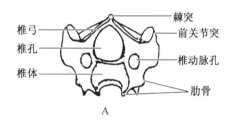

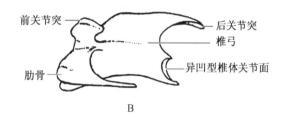

图4-12 鸡的马鞍形颈椎

A. 前面观;B. 侧面观

(1) 颈椎

鸡的颈椎数目多,共14块。椎体马鞍形(又名异凹型,即椎体水平切面为前凹型,矢状切面为后凹型),活动性极大。除寰椎外,均具有向后突出的退化肋骨,以两头与横突愈合,基部形成横突孔,供椎动脉通过,又称椎动脉孔。最后两对颈肋较发达,但不与胸骨相接。寰椎前端有一个前关节窝与头骨单枕髁相关节。

(2) 胸椎

胸椎共7块,其椎棘、椎体、横突及关节突彼此愈合甚紧,不能活动。鸟的肋骨均为硬骨,分为连接胸椎的椎肋和连于胸骨的胸肋两段。大部分椎肋后缘各具一个钩状突,向后伸出搭在后一条肋骨上,以增强胸廓的坚固性,为鸟类所特有。肋骨双头式,与椎骨的两个横突相关节。

(3) 综荐骨

综荐骨由最后一个胸椎、腰椎(共6块)、荐椎(共2块)以及前部尾椎(约7块)愈合形成,它为一个整体,与腰带相接,其组成部分只能由腹面椎骨横突勉强认出。

A. 实验部分

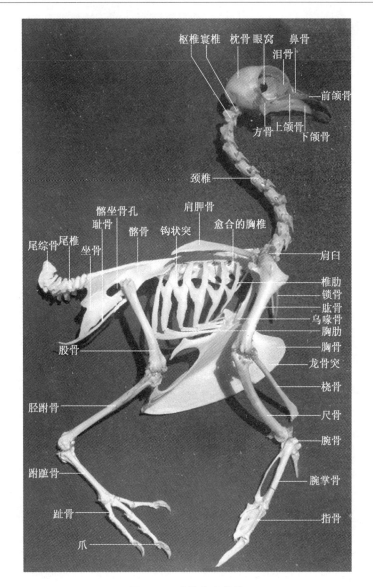

图 4-13　鸡的全身骨骼

(4) 尾椎

综荐骨后有 5 块独立的尾椎,其后大约有 4 块尾椎愈合为一块尾综骨,尾羽着生在此骨上。

六、哺乳类的脊椎与肋骨

哺乳类的脊椎分为颈、胸、腰、荐、尾 5 区,椎体双平型,两椎体间有软骨的椎间盘相隔。椎间盘内有残余的脊索,称髓核。观察兔的骨骼标本和人的分离椎骨。

确定一个脊椎骨的前后端,首先确定它的背腹位(根据椎体在下、椎弓在上的结构),然后依据前关节突的关节面朝上,后关节突的关节面朝下来判断其前后端。试判断兔的分离椎骨的前后背腹。

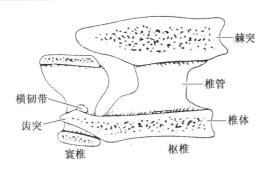

图 4-14　哺乳类的寰椎与枢椎（正中矢状切面）

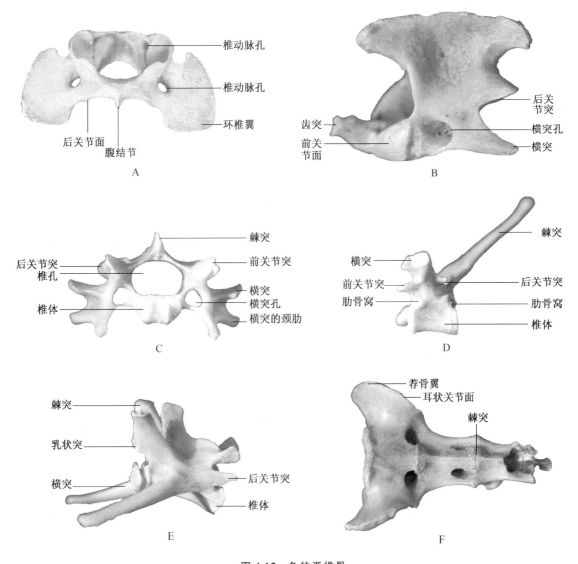

图 4-15　兔的脊椎骨

A. 寰椎（腹侧面）；B. 枢椎（左侧面）；C. 颈椎（前侧面）；
D. 胸椎（左侧面）；E. 腰椎（左侧面）；F. 荐椎（背侧面）

1. 兔的脊柱与肋骨

(1) 颈椎

绝大多数哺乳类的颈椎(图 4-14 和图 4-15A～C)恒为 7 块。寰椎前端一对在关节面成大的凹窝状，与成对的头骨枕髁相关节。寰椎呈环状，无椎体，两侧有很宽的翼状横突。枢椎具长而大的椎弓，上有棘突。棘突向前伸在寰椎之上，枢椎椎体前有齿突。其他颈椎彼此相似。颈椎横突实为横突加上残留的肋骨，基部有一孔为椎动脉孔(横突孔)。参看鲸的 7 个扁平颈椎。

(2) 胸椎

胸椎(图 4-15D)数目在各种哺乳动物中各不相同，兔为 12 块。特点是椎棘较高，向后延伸。后方胸椎椎棘渐矮。

(3) 腰椎

腰椎(图 4-15E)共 7 块，椎体长大，棘突宽大并指向前方；横突长，指向外侧前方，无肋骨。

(4) 荐椎

荐椎(图 4-15F)共 4 块。不同哺乳动物荐椎数目不同，但成体中均愈合为一块荐骨。椎棘低矮。荐骨背面有成对的荐骨孔，相当于椎间孔，是荐椎相互愈合的标志。

(5) 尾椎

尾椎数目视尾长短而有差别，兔为 16 块。尾椎的椎弓、椎棘、横突和关节突向末端逐渐变小，最后仅剩椎体。在后部尾椎上可见小的脉弓，称人字骨(参看袋鼠尾椎上的人字骨)。

(6) 肋骨

肋骨共 12 对。前 7 对为真肋，与胸骨相接；后 5 对为假肋，不与胸骨相接，而是附着在前一肋骨的软肋上，其中 3 对末端游离，为浮肋。真肋又分椎肋和胸肋两段。椎肋为硬骨，以双头与胸椎相关节：肋骨结节与胸椎横突(椎弓横突)相关节，肋骨小头与两椎体间的肋骨窝相关节。胸肋为软骨(图 6-8)。

2. 人的脊柱与肋骨

人的脊柱共有 24 块椎骨、1 块骶骨和 1 块尾骨。肋骨为 12 对。

人的椎骨由前方的椎体和后方的椎弓合成。两者融合所形成的孔为椎孔，椎体圆柱形。相邻椎骨间有椎间孔，脊神经和血管由此通过。

人各段椎骨的主要特征：

(1) 颈椎

颈椎(图 4-16,17,18)共 7 块。椎体较小，断面呈椭圆形。第七颈椎棘突最长，末端不分叉，故低头时突出于项部正中。

(2) 胸椎

胸椎(图 4-19)共 12 块。椎孔较小，椎体呈心形，自上而下依次增大。在椎

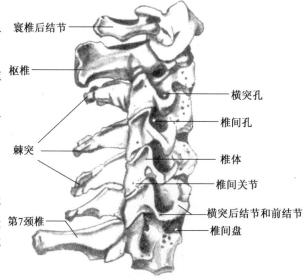

图 4-16 人的颈椎侧面观
(仿曹承刚，2007)

体两侧后方的上、下缘各有一半圆形的小凹,分别称上、下肋凹,可与相应的肋骨头构成肋椎关节。胸椎的棘突较长,伸向后下方,相邻椎骨的棘突呈叠瓦状排列,其间隙很窄。

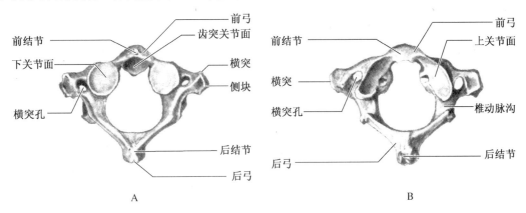

图 4-17　人的寰椎下面(A)及上面观(B)
(仿曹承刚,2007)

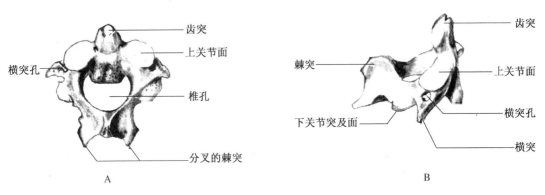

图 4-18　人的枢椎上面观(A)及侧面观(B)
(仿曹承刚,2007)

(3) 腰椎

腰椎(图 4-20)共 5 块。椎体最大,椎孔较大,呈三角形。棘突呈板状,水平向后伸,相邻椎骨棘突间的距离较宽。腰椎的横突短而薄,其根部后方有一副突(横突与肋同源,副突实为真正的横突)。

(4) 骶骨

骶骨(图 4-21)由 5 块骶椎成年后融合成三角形块状结构。前面为盆面较光滑。椎体两旁有 4 对骶前孔。背面粗糙,正中有骶正中嵴,是棘突相连构成的。两侧也有 4 对孔,为骶后孔。每侧骶后孔的外侧各有一条与骶正中嵴平行的、断续的骶外侧嵴,是由骶骨的横突相连而成。两组孔均与骶管相通,是骶神经穿行处。骶管由骶椎的椎孔连接而成。骶骨的两侧面有耳状面,与髂骨的耳状面及周围韧带构成骶髂关节。女性的骶骨比男性的短、宽。曲度较小,且向后倾斜,与分娩功能有关。

A. 实验部分

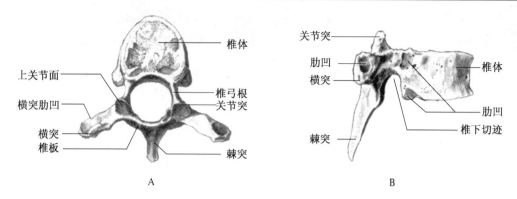

图 4-19 人的胸椎上面观(A)和外侧面观(B)
(仿曹承刚,2007)

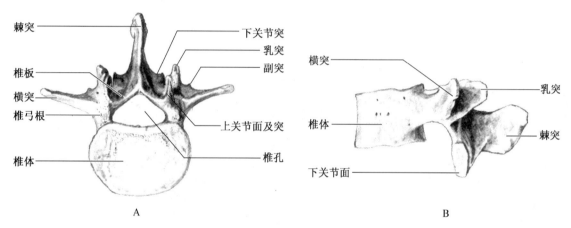

图 4-20 人的腰椎上面观(A)和侧面观(B)
(仿曹承刚,2007)

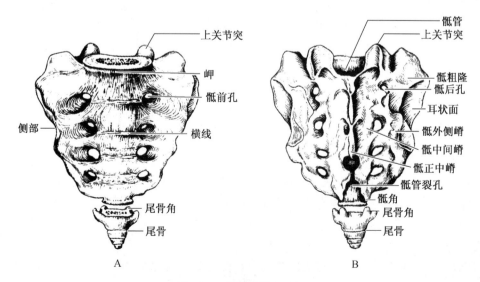

图 4-21 人的骶骨和尾骨
A. 前面；B. 后面 (仿曹承刚,2007)

(5) 尾骨

尾骨(图 4-21)由 4 块退化的尾椎融合而成,其底朝上接骶骨,尖向下端游离。底的背面两侧各有一向上伸的尾骨角,是其上关节突构成的。

(6) 肋骨

人的肋由肋骨和肋软骨构成,共 12 对。第 1~7 对肋的前端直接与胸骨相连,称真肋;第 8~10 对肋的前端借上位肋软骨间接与胸骨相连,称假肋;第 11 和 12 对肋前端游离,称浮肋。

肋软骨由透明软骨构成,连于肋前端与胸骨之间,第一肋骨与胸骨的结合终生不骨化。

【作业】

绘以下各部分结构的简图,并注明各结构名称。

1. 鲟鱼脊柱侧面图。
2. 鲨鱼躯椎和尾椎横切面图及尾部脊椎正中矢状切面图。
3. 绘七鳃鳗脊索构造简图,注明各结构名称。
4. 兔的寰椎与枢椎正中矢状切面图。
5. 陆生脊椎动物典型的躯干部椎体与肋骨相接的侧面图。

【思考题】

1. 脊索与脊柱在系统发生上有什么关系?
2. 七鳃鳗与鲟鱼的脊椎骨有何特点?系统发生上有什么意义?
3. 鲛鱼尾部双椎体在系统发生上说明什么?
4. 如何识别一个脊椎骨的前后端与背腹面?
5. 各纲脊椎动物的脊柱分化有什么不同?在进化上有什么意义?
6. 区别名词:双凹型、前凹或后凹型、马鞍型和双平型椎体。

实验5　中轴骨骼的比较——头骨

【目的要求】

了解各纲脊椎动物中轴骨骼的形态、形成、变异和进化。

【用具】

解剖盘，解剖镊。

【示例】

七鳃鳗整体骨骼；鲢鱼头骨、星鲨头骨的浸制标本；鲤鱼、蟾蜍、蛙、鳖、蜥蜴、蟒蛇、鳄、鸡、兔、狗和人的头骨标本；蛙舌骨的浸制标本；兔中耳鼓泡内的3块听小骨标本。

【观察】

一、圆口类七鳃鳗的头骨

七鳃鳗的头骨终生为软骨，完整的软骨脑颅尚未形成，只是由侧索软骨和前索软骨愈合成一软骨的基板，垫在脑下方。基板两侧向上延伸成头骨侧壁。头前部有一系列支持口漏斗和舌的软骨。支持鳃的鳃篮由9对横行的软骨和4对纵行的软骨共同组成（图2-3）。

二、鱼类的头骨

1. 星鲨的头骨

星鲨的头骨终生为软骨，由脑颅（软颅）和咽颅两部分组成（图5-1）。将星鲨头骨标本置于解剖盘中观察。

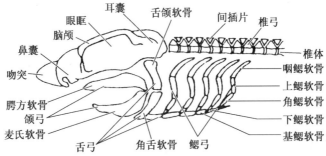

图 5-1　鲨鱼的软骨脑颅、咽颅及脊柱

（1）脑颅

脑颅是一个完整的软骨囊（图5-2），保护脑部及嗅、视、听觉器官。从背面看，头骨前端有软骨棒3条，在前方相遇，为吻骨，以支持吻部（吻骨的形状在不同种类中有所不同）。吻骨基部两侧各有一个半球形囊，为鼻软骨囊，鼻腔位于其中。鼻囊后方头骨两侧各有一眼眶，为眼球所在地。其后各有一个听软骨囊,从外面隐约可见其中埋着的半规管。吻基部背面有一较大的孔,为囟门,其上覆以结缔组织形成的纤维膜。脑颅后端有一孔为枕骨大孔。脑颅腹面后部为一宽而平坦的基板,其正中有一细条区域,与周围颜色略有不同,为脊索前端所在位置。脊索两侧的软骨代表胚胎期侧索软骨的扩大。基板后端略凸出形成双枕髁,与第一椎骨相关节。

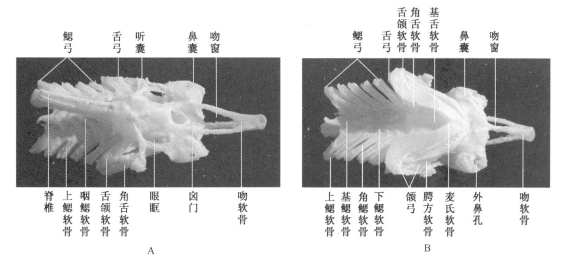

图 5-2 星鲨的软颅和咽颅
A. 背侧面;B. 腹侧面

(2)咽颅

咽颅由 7 对软骨弓组成(图 5-1,5-2)。第一对为颌弓,是 7 对中最大的,形成上下颌。其中背部的左右两块为腭方软骨,构成上颌;腹面的左右两块为麦氏软骨,构成下颌。上下颌皆有齿。上下颌间即口。颌弓后端折叠处为颌角,形成关节,使口得以开闭。第二对为舌弓,支持舌部,较细长,共由 5 块软骨组成。腹面正中为一薄片状的基舌软骨,其两侧是 1 对细长弓状的角舌软骨。角舌骨背端各有一块坚实的软骨,为舌颌软骨,与脑颅的耳部(听囊)相连接,充当悬器的作用,将颌弓连于脑颅上(图 5-1)。观察时请思考:这种颌弓与脑颅相接的方式属于什么类型?第三至七对为鳃弓,由背侧向腹侧形成半环支持着鳃。每弓均由 5 部分组成,由背向腹依次为:咽鳃软骨、上鳃软骨、角鳃软骨、下鳃软骨和基鳃软骨。咽鳃软骨和上鳃软骨在背侧,其余的在腹侧。而且 5 对弓中仅有 3 对弓有下鳃软骨,基鳃软骨往往愈合为一块或两块。上鳃软骨、角鳃软骨以及角舌软骨和舌颌软骨后缘生有多条细条状突起,为鳃条软骨,以支持鳃间隔。

2. 鲟鱼的头骨

鲟鱼为硬鳞鱼的代表。观察鲟鱼头骨的背面,在剥去硬骨骨片的区域可见到下方完整的软颅。硬鳞鱼头骨由与鲨鱼相当的软颅与膜原骨形成的膜颅两部分组成。膜原骨覆盖于软颅之上,由头部鳞片愈合后下沉而形成。注意鱼头骨顶部膜原骨骨片上残留的侧线管,以及膜颅与其下软颅结合不紧密的现象。

3. 鲤鱼的头骨

鲤鱼的头骨(图 5-3,5-4,5-5)由软颅、膜颅和咽颅 3 个部分组成。

(1)软颅

软颅已完全骨化,并与膜颅结合为完整的头骨。观察鲤鱼头骨,了解软颅的 4 个骨化区骨化为软骨原骨,主要构成头骨的颅底、两侧和枕部。

枕骨区(图 5-4,5-5)：围绕枕骨大孔，包括一块上枕骨，位于头骨后端中央；一对外枕骨，在枕骨大孔两侧；1块基枕骨，在枕骨大孔下方。基枕骨后端形成单枕髁，中间内陷成窝，与第一躯椎相接。基枕骨在枕髁下方向后延伸形成强大的咽突。咽突前部腹面有一浅窝附着角质垫，与下咽骨的咽喉齿相嵌，以磨碎食物。

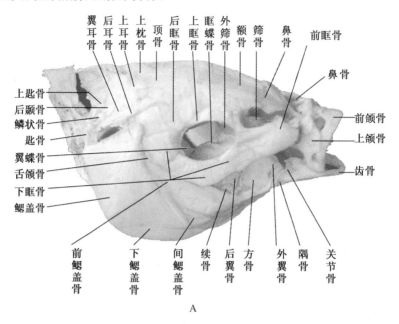

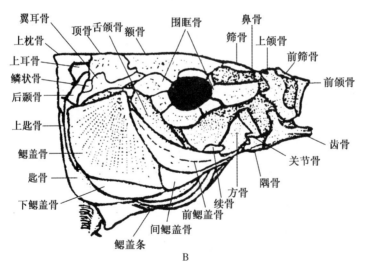

图 5-3 鲤鱼的头骨右侧面
A. 照片；B. 模式图

听囊区(图 5-3,5-4)：由听囊软骨骨化而成，包括上耳骨(在上枕骨的两侧)、翼耳骨(顶骨两侧)，前耳骨(头骨腹面，副蝶骨后部的两侧)和蝶耳骨(前耳骨的前外侧面)。

蝶骨区(图 5-4)：构成眶间隔，包括基蝶骨(为副蝶骨所盖)、翼蝶骨和眶蝶骨(分别在副蝶骨中部和前部的两侧)。

鼻囊区(图5-3,5-4)：有一对鼻骨(额骨前方)，一块筛骨(颅骨腹面中央"Y"形)和一对外筛骨(筛骨两侧，成翼状突起，构成眼窝的前缘和鼻囊的后缘)所围成。

（2）咽颅

咽颅已全部骨化。舌弓和鳃弓除骨化为硬骨外，成分与鲨鱼的基本相同。最后一对鳃弓每边只有一块大骨片，为下咽骨，其上生有咽喉齿。咽喉齿形状与食性有关，是分类的依据之一。

（3）膜颅(图5-3,5-4)

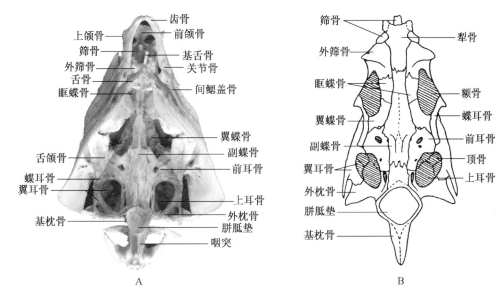

图 5-4　鲤鱼头骨腹面
A. 照片；B. 模式图

加在软颅上的膜原骨：由后向前观察加在软颅上的膜原骨，顶部有一对鼻骨、一对额骨、一对顶骨；脑颅底部有一块长形副蝶骨和前方的一对筛骨。眼窝周围的围眶骨组和被覆于鳃部的鳃盖骨组及鳃皮辐射骨组也为膜原骨。此外，对照图5-5，在鲤鱼头骨后顶部稍侧面找到后颞骨，它位于上耳骨和鳞状骨之间。肩带的上匙骨通过这块骨片与头骨相愈合。

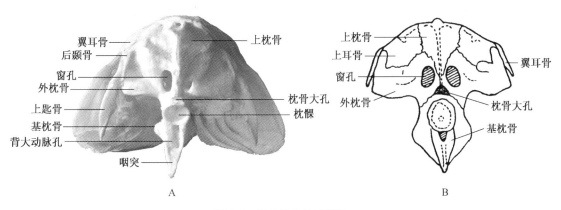

图 5-5　鲤鱼的头骨后侧面
A. 照片；B. 模式图

加在咽颅上的膜原骨：颌弓上的膜原骨形成次生颌，前颌骨、上颌骨执行上颌功能，齿骨和隅骨执行下颌功能。

三、两栖类的头骨

蟾蜍或蛙的头骨轻，骨片少，骨化程度不完全，骨块之间的连接不紧密；头骨扁而宽，脑颅属于平颅型，脑腔狭小；无眼窝间隔，具双枕髁（图5-6）。

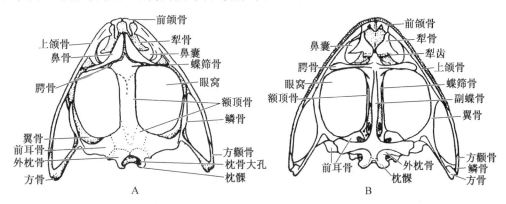

图5-6　蛙的头骨
A. 背面观；B. 腹面观

1. 软颅

软颅骨化程度低，软骨原骨数目很少。枕骨区仅一对外枕骨，位于头骨后端枕骨大孔周围，各具有一枕髁与寰椎相接。听囊区仅有一对前耳骨，位于头骨背面，外枕骨的前内侧。眼眶前方的蝶骨区前端骨化为蝶筛骨（由蝶骨和筛骨愈合）构成颅腔的前壁。蛙的蝶筛骨在背、腹面均能见到。蟾蜍的蝶筛骨骨化程度较蛙深，背面为额顶骨所盖，仅见于腹面。鼻囊区保留软骨状态。

2. 膜颅

加在软颅之上的膜原骨数目少，相邻骨块常愈合，并易与软骨分离。背面有两片狭长的骨片，为一对额顶骨，是额骨与顶骨愈合而成。蝶筛骨前缘、鼻囊背方有一对长三角形骨片，为鼻骨。头骨后外侧及眼眶后缘有一对呈"人"形的骨片，为鳞状骨，前端指向眼眶，外侧端与上颌的方颧骨相连，内侧端与前耳骨相连。头骨腹面主要骨块为"⊥"形的副蝶骨，前端与蝶筛骨相接。眼眶前缘，左右两侧各有一条横生的细长骨棒，为腭骨。腭骨前方有一对锄骨（或称犁骨），此骨小而薄，外缘有突起，蛙具犁骨齿，蟾蜍没有。头骨腹面、眼眶后缘还有一对翼骨，正好在鳞状骨下方，形状与之相似。加在咽颅上的膜原骨见下段。

3. 咽弓及其演化

（1）上下颌

上颌骨块与头骨愈合，从前向后依次为前颌骨、上颌骨和方颧骨，彼此间可见明显骨缝，均为膜原骨，是膜颅的一部分。蛙的前颌骨和上颌骨上生有细齿，蟾蜍无齿。腭方软骨后端骨化为方骨。下颌（图5-7）的麦氏软骨仍存在，前端骨化为颐骨，其余大部分为膜原骨的齿骨和隅骨所盖。下颌内面有一纵形浅沟槽，就是此软骨的所在。麦氏软骨后端以关节骨与上颌方骨相关节。方骨和关节骨的骨化程度均很低，标本中的颌关节处仅见到残留的软骨。思考：这种颌骨与脑颅相接的类型是什么？

(2) 耳柱骨

耳柱骨为一对短骨棒。在头骨腹面翼骨后内侧的中耳腔的位置可见到这一骨块。耳柱骨内侧端较粗，顶住内耳的卵圆窗；外端较细，顶住鼓膜内壁。它是由舌弓的舌颌软骨进入中耳形成的。

(3) 舌骨

舌骨器位于舌的基部，中央为一盾状软骨，为舌骨体，其前后有前角和后角，由舌弓除舌颌骨以外的部分和第一、二鳃弓联合形成，第三鳃弓变为喉头软骨，其余鳃弓退化（图5-8）。舌骨全为软骨。

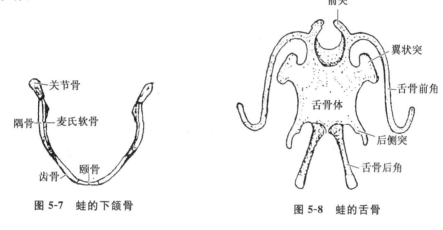

图5-7 蛙的下颌骨　　　　图5-8 蛙的舌骨

四、爬行类的头骨

爬行类头骨为高颅型，骨化完全，膜原骨数目多，单枕髁。出现了次生腭，内鼻孔后移。颞窝出现。观察鳄、龟、蜥蜴、蛇等动物头骨，注意其特点。

1. 鳄的头骨

鳄的头骨完全骨化，各骨块相接紧密。头骨形状较窄而高，为高颅型，具单一枕髁。最重要的特点是具有颞窝和次生腭。对照图5-9和鳄头骨标本进行观察。

头骨背面的后部有一对顶骨。在顶骨外侧有上、下两个孔，称为颞窝。上颞窝的下界由前方的后眶骨和后方的鳞状骨构成，而下颞窝则由颧骨（前）和方颧骨构成下界，均为膜原骨。颞窝的出现使附着其上的闭颌肌在收缩时肌腹周围有足够的空间，使闭颌更为有力。鳄为双颞窝类。

头骨腹面有完整的次生腭形成，由膜原骨的前颌骨、上颌骨和腭骨的腭突以及翼骨组合而成，使口腔和鼻腔完全分开，内鼻孔后移。其他多数爬行类的次生腭不完整。

对照图5-9，观察鳄头骨的背、腹骨片。注意其上、下颌生齿，齿为槽生齿和同型齿，但已有大小的不同。

2. 爬行类其他动物头骨颞窝的观察

(1) 鳖的头骨

龟鳖类为无颞窝类，但头骨后方骨块丢失较多，眼眶后的颞部膜原骨块均消失，而形成类似颞窝的结构。

(2) 蜥蜴的头骨

蜥蜴为双颞窝类，但已失去下颞弓，仅保留上颞窝，由后眶骨和鳞状骨构成下界。

（3）蛇的头骨

蛇为双颞窝类，但上、下颞弓全失去，颊部完全没有膜原骨存在，因而不存在颞窝。方骨成为很活动的成分，使上下颌的活动范围增大，便于吞咽大的猎物。

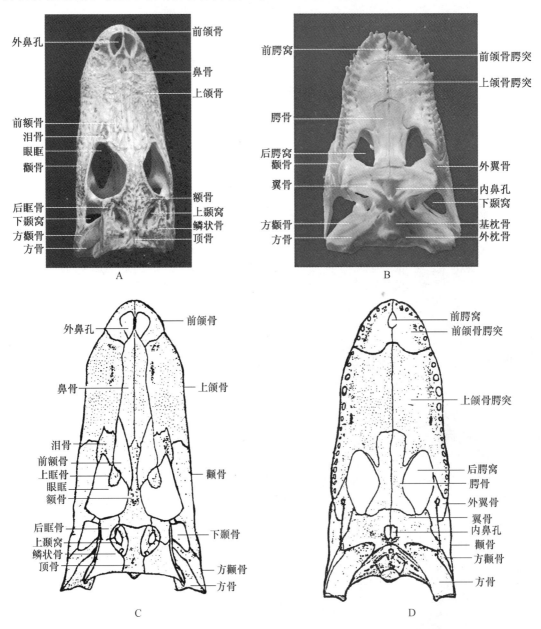

图 5-9　鳄的头骨
A. 背面观照片；B. 腹面观照片；C. 背面观示意图；D. 腹面观示意图

五、鸟类的头骨

鸟类因适应飞翔生活头骨有所特化。观察鸡的头骨（图 4-13）。头骨高颅型。因脑增大，头骨围脑部分也膨大，骨块变形移位，枕骨大孔移向后腹位。单枕髁。头骨为双颞窝型，但由于脑和眼的高度发达,两颞窝间的骨弓消失,颞窝与眼窝合并而成为极大的眼窝。上下颌骨前伸形成喙。骨块轻而薄,骨块间骨缝在成体消失,整个头骨愈合成一完整的颅骨。

六、哺乳类的头骨

哺乳类的头骨全部骨化,仅鼻筛部留有少许软骨。骨块数目减少,愈合程度高。高颅型,双枕髁。有颧弓形成。下颌仅由单一齿骨构成,齿骨与脑颅连接方式为直接型。次生腭完整。头骨颞窝属合颞窝型(每侧一个颞窝,由后眶骨、鳞状骨构成窝的上界,下界为颧骨),颞窝又与眼窝合并。鼓骨出现。观察兔头骨(图 5-10,5-11,5-12)。

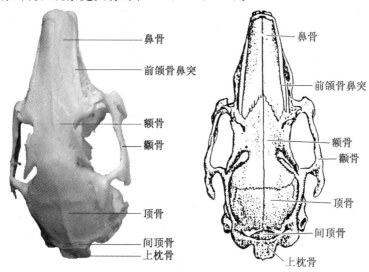

图 5-10 兔头骨背侧面
A. 照片;B. 模式图

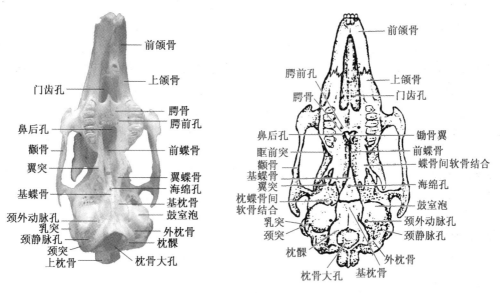

图 5-11 兔头骨腹侧面
A. 照片;B. 模式图

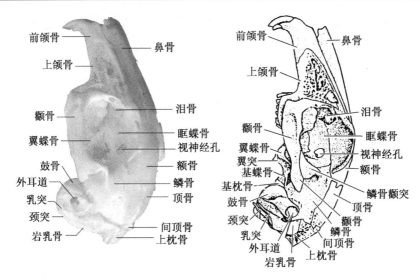

图 5-12　兔头骨侧面观
A. 照片；B. 模式图

1. 软颅及其骨化

（1）枕骨区

枕骨大孔周围有 4 块骨片，上方是一块上枕骨，骨上有明显的"人"字形隆起，为项嵴。两侧为一对外枕骨，枕骨大孔腹面为基枕骨。枕髁由基枕骨和外枕骨共同构成。枕髁外侧有长而下垂的颈突。成体中这 4 块枕骨骨片多愈合为一块枕骨。

（2）听囊区

耳软骨囊已骨化为岩乳骨，位于上枕骨外侧、鼓泡后上方。此骨上宽下窄，在靠近鼓泡处生成向下延伸的乳突，岩乳骨内包埋内耳。

（3）蝶骨区

蝶骨区由头骨腹面的基蝶骨、前蝶骨、翼蝶骨和眶蝶骨组成。基蝶骨位于基枕骨蝶骨区前方，呈三角形。腹面正中有一圆孔，为海绵孔，此孔背面正是垂体窝，为脑下垂体所在处。前蝶骨位于基蝶骨前腹面正中的腭骨之间的深裂隙内，形细长。翼蝶骨位于基蝶骨两侧，构成眼眶后壁，并向前腹面伸出一对突起，称翼突。每一个翼突包括内侧板和外侧板两叶骨板。眶蝶骨为前蝶骨向眼窝内延伸的部分。眶蝶骨和翼蝶骨构成眶间隔的大部分。眶间隔中部有一大孔，即视神经孔，视神经由此孔通出。幼年时骨缝清晰。这四部分骨块在成体常愈合为蝶骨。

（4）鼻囊区

鼻软骨囊部分骨化为一块中筛骨和两侧的外筛骨。中筛骨位于前蝶骨之前，骨片直立，成为鼻腔中隔的一部分。左右外筛骨构成鼻腔侧壁的一部分，其内面卷曲成复杂的迷路状褶，为鼻甲骨，其上被覆鼻腔黏膜。这些骨片位于鼻腔内，外部不易见到。

2. 头骨的膜原骨部分

（1）顶部

膜原骨由前向后依次为下列骨片：

鼻骨：呈长板状的一对骨片，构成鼻腔顶壁。

额骨：鼻骨后方的一对长方形骨片。额骨在眼眶上方的隆起向前后端突出，构成眼眶上缘，分别称为眶前突和眶后突。

顶骨：额骨后方，呈长方形，构成颅腔顶壁主要部分。

间顶骨：在两顶骨后端中央的一个三角形骨片，为哺乳动物所特有。成年兔头骨中此骨界限不明显。

（2）侧面

鼓骨：包括泡状的鼓泡和向外侧延伸的管状外耳道两部分。鼓泡位于枕髁前外侧、鳞状骨下方，构成中耳腔外壁，内有3块听小骨。鼓骨与低等脊椎动物的隅骨同源。观察中耳听小骨标本：锤骨形状似一把锤子，其长柄附着在鼓膜内侧面中央，锤骨头与砧骨相关节；砧骨为一小骨，包括砧骨体和两个尖锐突起；镫骨形如马镫，正好封闭内耳的卵圆窗。镫骨相当于耳柱骨，都来自舌颌骨，锤骨和砧骨是哺乳类特有的，分别与关节骨和方骨同源。鼓泡外缘为鼓膜附着处。

鳞状骨：在顶骨两侧、眼窝后方。此骨向前外侧形成突起，构成眼窝后缘，并与额骨相接成额弓，称鳞状骨额突。额突根部上方有一小凹陷，为颞窝，小且与眼窝相通。

鼓骨、鳞状骨与前述的岩乳骨三者愈合成颞骨，构成颅腔侧壁。

颧骨：头骨最外侧的一对长形扁骨，前方与上颌骨颧突相接（成年时愈合），后与鳞状骨颧突相接，构成颧弓，供咬肌附着。

泪骨：为眼窝前壁的一小块骨片，因与周围骨块结合不紧密，标本上常脱落。其外侧为鼻泪管的开口。

（3）腹面

锄骨：或称犁骨，为一左右侧扁的长板状骨，位于前蝶骨前方、鼻腔正中，构成鼻中隔基部，分隔两个鼻后孔。由门齿孔向内可看到它的一部分。

腭骨：位于上颌骨腭突后方，鼻后孔的两侧，分为水平部和垂直部。水平部构成硬腭的后面部分，前面与上颌骨腭突相接，两骨间骨缝处可见腭前孔，为三叉神经分支通路；后缘游离，与肌肉质软腭相接。垂直部形成鼻后孔侧壁。

（4）上下颌

上下颌为膜原骨的次生颌。

前颌骨：位于头骨最前端。前端具有两对门齿的齿槽。前颌骨向后上方延伸出一长突，嵌在鼻骨与上颌骨之间，为鼻突。腭突自前颌骨内侧面向后突出，两侧腭突在腹中线相遇，构成硬腭的一部分。

上颌骨：构成头骨前侧面。具有前臼齿和臼齿齿槽。侧面的上颌骨体呈多孔海绵状，骨体后部向后外侧延伸形成颧突，参与颧弓的形成。齿槽突起向内面伸出形成腭突，左右腭突在腹中线相遇，与前颌骨腭突一起共同形成硬腭的前部，并环绕门齿孔（供三叉神经分支和部分唾液腺管通过，并沟通锄鼻器官与口腔），与腭骨腭突（即腭骨水平部，构成硬腭后部）共同构成口腔顶部的硬腭。

齿骨：一对齿骨构成下颌骨。每一齿骨具有一个门齿齿槽以及臼齿和臼齿齿槽。后外侧面有发达的咬肌窝供咬肌附着。齿骨直接连颅骨的颞骨，此类型为直接型（或颅接型），为哺乳类所特有。

软骨咽颅的颌弓中的方骨、关节骨以及舌弓中的舌颌骨已进入中耳形成听小骨，舌弓其余部分骨化形成舌骨；第一鳃弓形成舌骨后角，第二、三鳃弓形成喉头软骨，其余鳃弓退化消失。

3. 人类颅骨

人的颅骨(图 5-13,5-14)发达,与其他哺乳类头骨比较,骨块愈合多,数目少;由于脑发达,颅腔容积大;还具有前额宽而高,吻部后缩,颌骨变短,牙齿变小,齿弓成马蹄形,犬齿退化等特征。由于直立行走,枕骨大孔移至头骨腹面颅底中央。人的颅骨形态及枕骨大孔的位置使得人的头部能够自然地坐落在直立的躯干之上。

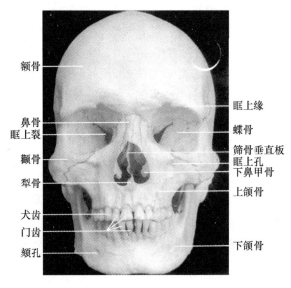

图 5-13 人的头骨正面观
(仿 Graaff,1994)

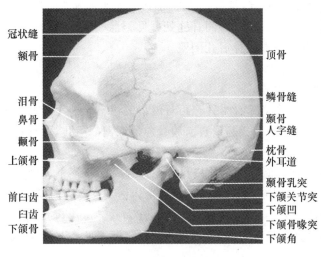

图 5-14 人的头骨侧面观
(仿 Graaff,1994)

具体来讲,人的颅骨由 23 块骨构成,其中脑颅骨 8 块,面颅骨 15 块。

脑颅骨以蝶骨为中心,分别与其他各骨之间以骨缝相连,构成牢固的颅腔。额骨 1 块,位于前额,由额鳞、眶部和鼻部构成。顶骨为 2 块,接在额骨后面。颞骨 2 块,位于顶骨下方,为耳郭深面的两块不规则骨,结构复杂,由岩乳骨(耳骨区3块软骨原骨愈合)、鼓骨、鳞状骨合并构成。枕骨1块,位于顶骨和颞骨后面,下方有枕骨髁与寰椎上关节凹构成寰枕关节,中央为枕骨大孔。筛骨1块,位于额骨眶部的下方,构成鼻腔外侧壁的上部,呈"巾"字形。蝶骨区软骨原骨愈合为一块蝶骨,位于颅底的中央,呈蝴蝶状。

面颅骨15块,构成面部的基础,并分别围成眶、鼻和口腔。人的面颅骨都比较小,形状不规则。增大的有上颌骨和下颌骨。腭骨一对,构成鼻腔、口腔、眼眶等壁的不同部分,形如"L"。其他面颅骨包括位于鼻梁的鼻骨;其外侧椭圆形薄片状的泪骨;颧部的颧骨与上颌骨颧突构成颧弓;犁骨在鼻腔正中,构成鼻中隔后方的骨性基础;下鼻甲骨在鼻腔外侧壁内面,呈卷曲状;还有舌骨位于下颌骨与甲状软骨上缘之间,呈马蹄形,是颈肌和舌肌附着的重要骨。另外,颧骨和构成颞骨的鳞状骨构成合颞窝。

【作业】

绘出脊椎动物头骨侧面观模式图,并标出软骨原骨和膜原骨的名称,用不同颜色显示软骨原骨和膜原骨。

【思考题】

1. 鲨鱼头骨在系统发生上有何重要性?
2. 观察硬鳞鱼头骨有何意义?
3. 总结鳄头骨的特点及进化上的意义。
4. 总结哺乳类头骨的特征,与鲨、蛙、鳄的头骨比较,找出进化的趋势。
5. 试从系统发生说明上、下颌的演变。
6. 区别下列名词:次生颌与次生腭,颧骨与颞骨,颧弓与颞弓,舌接型、自接型与直接型。

实验 6　胸骨、带骨、附肢骨的比较

【目的要求】

了解脊椎动物的胸骨、带骨和附肢骨的结构以及随着动物由水上陆对环境的适应而引起的一系列演变。

【示例】

鲨鱼骨骼浸制标本，鲤鱼肩带骨及整体骨骼，蟾蜍或蛙的带骨和四肢骨，蜥蜴、鸡、兔、针鼹、袋鼠、蝙蝠、鲸和人等动物的整体骨骼，羊前肢骨，马后肢骨，海豹前肢骨等。

【观察】

一、软骨鱼类的带骨和鳍骨

参照图 6-1 观察鲨鱼整体骨骼标本。鲨鱼肩带是一条横贯胸部的半环状软骨棒，为乌喙骨棒。棒的两侧各有一关节面，称肩臼，与胸鳍形成关节。从肩臼处向背方伸出一长的肩胛突，末端有时尚存在上肩胛软骨。肩带不与脊柱直接相连，而是通过肌肉间接连于脊椎上。胸鳍骨由基鳍骨、辐鳍骨和真皮鳍条三部分组成。基鳍骨紧接肩带，由外向内依次为前基鳍骨、中基鳍骨和后基鳍骨。辐鳍骨与基鳍远端相连，再后方为数目很多的真皮鳍条。

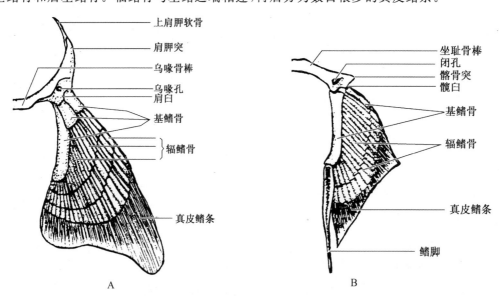

图 6-1　鲨鱼的带骨腹面观
A. 肩带；B. 腰带　（仿陶锡珍，1994）

腰带为一条横列躯干后部的软骨棒,为坐耻骨棒。棒两端微向上突,为髂骨突,突起基部的一个浅关节面即髋臼面,在此与腹鳍骨相关节。腹鳍骨的三部分与胸鳍骨一样,但基鳍骨仅两块,即内侧较大的后基鳍骨和外侧较小的前基鳍骨。雄鲨腹鳍的后基鳍骨向后延伸出一对棒状结构以支持鳍脚,作为交配器官。

二、硬骨鱼类的带骨

观察鲤鱼肩带图 6-2。硬骨鱼类的肩带由 6 块骨片组成,由背向腹分别是后颞骨(已成为头骨的一块骨片)、上匙骨、匙骨(参见图 5-3)、锁骨、肩胛骨和乌喙骨,前四块骨为膜原骨,后两块为软骨原骨。鲤鱼肩带的腹面前方还有一块马鞍形的小骨跨于肩胛骨与乌喙骨之间,为软骨原骨的中乌喙骨,仅在低等辐鳍鱼类中存在,其有无是鱼类分类标准之一。硬骨鱼类肩带靠前,以上匙骨与头骨的后颞骨后方相连接,使头的活动受到限制。胸鳍中无基鳍骨,仅有退化的辐鳍骨和真皮鳍条。

腰带仅由一对无名骨组成,真皮鳍条直接着生于腰带上,腰带不与脊柱相连。

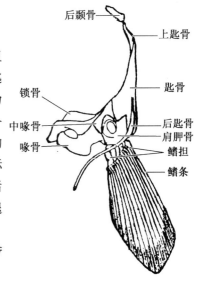

图 6-2 鲤鱼的肩带和胸鳍(背面观)

三、两栖类的胸骨、带骨和四肢骨

1. 肩带、胸骨和前肢骨

现代两栖类的后颞骨、匙骨成分消失,肩带与头骨不再相连,使头部运动获得更大灵活性。

(1) 肩带和胸骨

从腹面观察蟾蜍和蛙的肩带和胸骨(图 6-3,6-4)。肩带主要由 3 块软骨原骨组成:位于腹面靠后方的乌喙骨、位于外侧的肩胛骨以及位于水平方向的前乌喙骨。但前乌喙骨被膜原骨的锁骨所包围,表面不易见到,在锁骨后上表面具有一凹沟,即是前乌喙骨所在处。三骨相接处形成肩臼,与前肢肱骨相关节。肩胛骨背面连有一块上肩胛骨(其末端为软骨),肌肉将上肩胛骨连于脊柱。

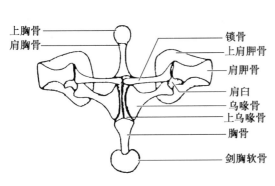

图 6-3 蛙的肩带和胸骨

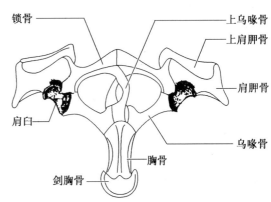

图 6-4 蟾蜍的肩带和胸骨

乌喙骨内侧向前方延伸出细长的上乌喙骨。蛙的左右上乌喙骨在腹正中线处相互平行并愈合在一起,称固胸型肩带。蟾蜍的左右上乌喙骨较蛙大,弧形,彼此重叠,称弧胸型肩带。肩带类型是两栖类分类的重要依据之一。

两栖类开始出现胸骨。胸骨位于腹中线,与肩带关系密切。蛙的胸骨分两部分,上乌喙骨前方有一骨质的肩胸骨,其前端接一块半圆形的软骨质的上胸骨;上乌喙骨后方有一块骨质胸骨,其后接一块软骨的剑胸骨。蟾蜍胸骨缺少前方的肩胸骨和上胸骨,只有后方的胸骨和剑胸骨。

(2) 前肢骨

观察蛙和蟾蜍的前肢骨。两栖类的四肢骨已具备典型的五趾型四肢的特征(图6-5),但有一些次生性的变化。前肢骨由近端开始依次为肱骨、桡尺骨(桡骨和尺骨愈合)、腕骨、掌骨和指骨。拇指退化,仅具4指,每指均具指骨3枚。

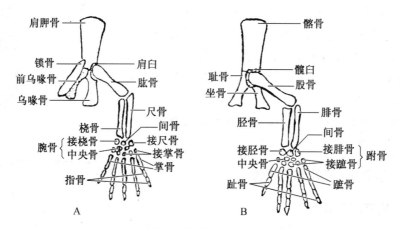

图 6-5 陆生脊椎动物附肢骨的比较

A. 前肢;B. 后肢

2. 腰带和后肢骨

(1) 腰带

陆生脊椎动物的后肢除运动外还要支持身体,因而腰带(图4-7)变得强大,并与脊椎相连,通过腰带将身体重量转移到后肢。腰带完全是软骨原骨。由髂骨、坐骨和耻骨组成。观察蟾蜍腰带,从背面看呈"V"形。一对髂骨形细长,前端与荐椎横突相连,后端扁而阔,在腹中线相连;一对坐骨位于腰带腹后方,已经合并;一对耻骨位于腰带腹面,介于髂骨与坐骨之间,是一对已经合并的钙化软骨,略呈三角形。这三对骨片两两相对,在腹中线处合并,形成一较宽的骨板,其外侧各具一凹窝,髂、坐、耻三骨的骨缝在此凹窝中较清楚,容易观察,此凹窝称为髋臼,股骨在此与腰带相接,形成髋关节。

(2) 后肢骨

与前肢骨相似,后肢骨也是由5部分组成,从近端依次为股骨、胫腓骨(胫骨与腓骨愈合)、跗骨、蹠骨和趾骨。具5趾,每趾具2~4枚趾骨,在第一趾外侧还具有一块额外附趾。

四、爬行类的胸骨、带骨和四肢骨

观察蜥蜴的整体骨骼标本。

1. 肩带和胸骨

由于进一步适应陆地生活，爬行类的肩带（图 6-6A）更为坚固。结构与两栖类相似。软骨原骨的成分为乌喙骨、前乌喙骨、肩胛骨和上肩胛骨；膜原骨成分为锁骨，并另有间锁骨，呈"十"字形，把胸骨和锁骨连接起来。间锁骨是在古代两栖类中新出现的一块膜原骨，在现代两栖类中消失。大多数爬行类具有间锁骨。蜥蜴的胸骨主要为一块软骨骨板，两侧与肋骨相连，形成胸廓。

2. 腰带

腰带（图 6-6B）也是由软骨原骨的髂骨、坐骨、耻骨组成，但耻骨和坐骨不再愈合形成耻坐骨板，而是分开形成一个大孔，即耻坐孔，左右耻骨和左右坐骨在腹中线处分别结合形成耻骨连合和坐骨连合。耻骨上有闭神经孔，为神经通道。

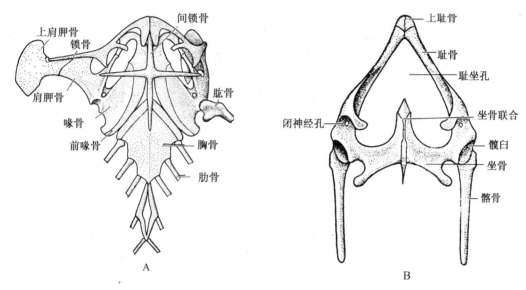

图 6-6 蜥蜴的肩带（A）和腰带（B）

（仿丁汉波，1982）

3. 四肢骨

蜥蜴的四肢具典型的五趾型四肢，前后肢均 5 趾（图 6-5），趾端具爪。

五、鸟类的胸骨、带骨和四肢骨

参照图 4-13，观察鸡的骨骼标本。

1. 肩带和胸骨

鸟类的肩带包括软骨原骨的肩胛骨、乌喙骨和膜原骨的锁骨。肩胛骨是一块狭长骨片，位于肋骨背面，沿胸椎两侧向后延伸达髂骨前缘。乌喙骨粗壮，前端与肩胛骨形成肩臼，后端伸向腹面与胸骨连接。锁骨细长。两侧锁骨的远端伸向腹中线并愈合，呈"V"形，又名叉骨，为鸟类所特有。锁骨愈合处成一圆形薄骨片，代表间锁骨，已与锁骨愈合。锁骨前端与肩胛骨、乌喙骨在肩部汇合并形成一个孔，为三骨孔，供小胸肌肌腱穿过。

鸟类胸骨宽大，两侧缘与肋骨牢固连接。胸骨腹面中央有一强大的突起，为龙骨突（突胸鸟类具有）。胸骨前端向前伸出一对短的肋骨突，后端两侧有两个较长的分叉的剑状突。

2. 前肢骨

因适应飞翔变化很大,前肢已变成翼。肱骨粗大,其腹面有一个气孔供气囊通入骨腔。尺骨较桡骨大,尺骨外缘着生次级飞羽。腕骨仅留两块独立骨块,分别为尺腕骨和桡腕骨,其余腕骨均与第一至第三掌骨愈合为腕掌骨,其余掌骨退化。前肢仅留第一至第三指,分别与3个掌骨相连,第一和第三指仅一节指骨,第二指有二节指骨。指端一般无爪。

3. 腰带

由髂骨、坐骨和耻骨构成。成体中这三块骨愈合,并借髂骨与脊柱的综荐骨愈合在一起,形成大的骨盆。髂骨位于背部,是一块长大的薄骨片,内缘与综荐骨相接,后外侧连接坐骨,两块骨片之间有一大卵圆孔,为髂坐孔。耻骨细长,位于坐骨腹缘,两骨间形成一狭长的闭孔。耻骨和坐骨均向后伸,且左、右耻骨在腹中线不愈合,构成"开放式"骨盆。思考:这种结构与鸟类何种习性有关?

4. 后肢骨

鸟类的后肢骨发生愈合和加长,这种现象可能与起飞和降落时增加缓冲力量有关。后肢骨由股骨、胫跗骨、跗蹠骨和趾骨组成。股骨粗短,胫骨发达并与近端跗骨愈合成胫跗骨,腓骨退化成刺状附着于胫跗骨外侧,股骨与胫跗骨之间的关节上有髌骨存在,为一块籽骨。4块蹠骨与远端跗骨共同愈合成一块跗蹠骨并延长成棒状。小腿部与足部之间的关节则为跗间关节。这一关节在爬行类已出现,但不很明显。鸟类一般具4趾,第一趾向后,第二至第四趾向前(常态足),趾端具爪。

六、哺乳类的胸骨、带骨和四肢骨

观察兔的整体骨骼标本。

1. 肩带

兔的肩带(图6-7)仅由一块软骨原骨的肩胛骨组成,乌喙骨退化成喙突附着于肩胛骨下端。膜原骨的锁骨退化为一对细小软骨埋于肩部肌肉中,以韧带分别与胸骨柄和肱骨相连。但在前肢具有多样性活动的种类中锁骨发达,间锁骨在哺乳类的单孔类中仍保留,但以后消失。兔的肩胛骨为大型薄片状,大致成三角形。外侧面有一纵长的脊状突起,为肩胛冈,将整片肩胛骨分为冈上窝和冈下窝,冈下端有明显的肩峰和肩峰成直角的后肩峰突。

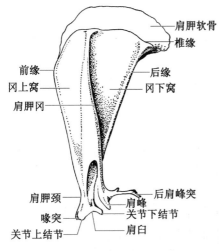

图 6-7 兔左侧的肩胛骨(外侧面)
(仿杨安峰,1974)

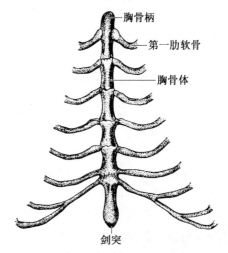

图 6-8 兔的胸骨与肋软骨
(仿杨安峰,1974)

2. 胸骨

兔的胸骨(图6-8)为一分节的长骨棒,位于胸腹壁中央。兔胸骨有6节,最前方为胸骨柄,最后一节为剑突,末端接宽而扁的剑状软骨,中间各节称胸骨体。骨节间由软骨联合,形成可动关节。胸骨两侧与真肋的软骨即胸肋连接。

3. 前肢骨

兔的前肢骨(图6-9)由肱骨、桡骨、尺骨、腕骨、掌骨和指骨组成。肱骨头前方内外侧各有一隆起,内为小结节,外为大结节。自大结节下行有一明显的三角肌隆起,供肩峰三角肌和背阔肌附着。桡骨较尺骨为短。尺骨近端突出部分为肘突,肘突前下方有半月状切迹,与肱骨形成关节。腕骨9块,掌骨5块,各接一指。拇指与桡骨在同侧,有2枚指骨,其余各指有3枚指骨。指尖具爪。

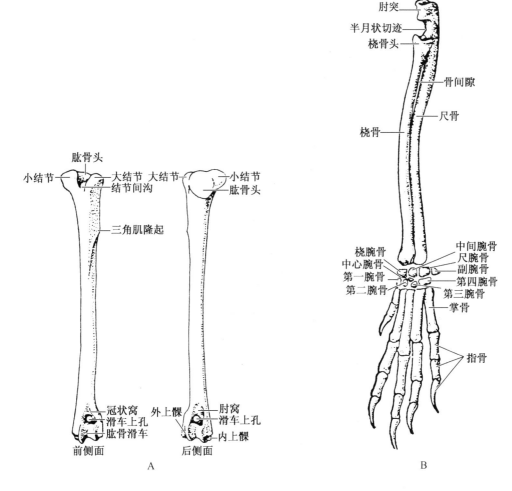

图6-9 兔的前肢骨

A. 左肱骨；B. 前臂及前脚骨前侧面

哺乳类四肢经历了扭转的过程,主要是肘部向后转,膝部向前转,使四肢紧贴躯体并向下方移动,从而将躯体抬离地面,使运动加快,扭转结果是膝关节朝前,肘关节向后,而且前臂再发生一次扭转,使前指向前,掌心向下,因而桡骨与尺骨远端发生交叉(图6-10)。这一位置相当于人手背向前的旋前位。人和猿猴可任意作旋前和旋后动作（旋后即人手心向上，尺骨和桡骨平行）。多数哺乳类固定于旋前位。

图 6-10　哺乳类前肢的扭转

4. 腰带

腰带由髂骨、坐骨和耻骨组成，并愈合为髋骨(图 6-11)。三骨汇合处形成髋臼，股骨头形成髋关节。髂骨位于背侧，与荐骨牢固地连接在一起。坐骨构成髋骨的后部，其后端有显著的突起。坐骨向腹中线扩展，形成坐骨支，与耻骨结合。耻骨位于腹侧前部，左右耻骨与坐骨以坐耻骨缝在腹中线结合。左右髋骨、荐骨及前几个尾椎骨构成封闭式骨盆。坐、耻骨之间以闭孔相隔，闭孔是由耻坐孔和闭神经孔愈合而成的。

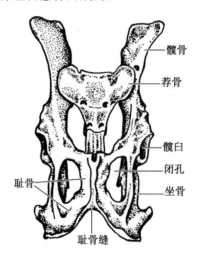

图 6-11　兔的骨盆（腹面观）
（仿丁汉波，1982）

5. 后肢骨

后肢骨(图 6-12)由股骨、胫骨、腓骨、跗骨、蹠骨和趾骨组成。股骨强大，以股骨头接髋臼。股骨近端外侧的粗大突出部为大转子，其下方另一突起为第三转子。与此相对，内侧突起为小转子。胫骨位于小腿骨内侧，比腓骨强大很多，腓骨不发达。股骨与胫骨间有髌骨。蹠骨仅 4 块，第一蹠骨退化，相应的第一趾也退化，仅留 4 趾。每一趾各具 3 块趾骨，趾尖具爪。

6. 其他几种哺乳动物的带骨和四肢骨的观察

注意结构与生活、运动方式的适应以及形态与机能的结合。

(1) 针鼹的骨骼

针鼹的上肢远较下肢发达，上肢指骨具利爪，适于掘土。锁骨发达。

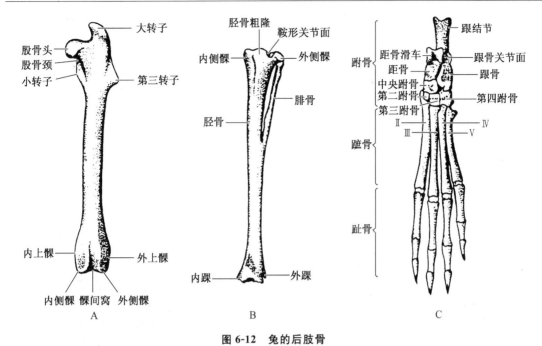

图 6-12　兔的后肢骨

A. 股骨；B. 左胫骨和腓骨；C. 左后脚骨背侧面

(2) 袋鼠的骨骼

袋鼠的耻骨前上方有两根细长的骨棒,为袋骨(又称上耻骨),用于支持育儿袋。后肢第一趾退化,第二、三趾细小,第四、五趾发达。锁骨较发达。

(3) 蝙蝠前肢骨

蝙蝠的掌骨和第二至第五指骨发育得极长,以支持作为翼的飞膜,适于飞翔。锁骨发达。前肢第一指具爪,便于攀缘,后肢五趾皆具钩爪,便于倒挂身体。

(4) 鳍脚类前肢骨

鳍脚类的上臂和前臂骨缩短,变扁平,互相靠拢,第一指(趾)骨延长,指(趾)间具蹼,适于水中游泳。

(5) 羊前肢骨

羊前肢的第三、四趾发达,第二、五趾很小,第一趾退化,趾端有蹄。

(6) 马后肢

马的跗骨简化,第三蹠骨和趾骨发达并延长,其余蹠骨、趾骨退化,适于奔跑。

七、人的胸骨、带骨和四肢骨

1. 胸骨

人的胸骨(图 6-13)位于胸廓前壁正中,属扁骨,可分为胸骨柄、胸骨体和剑突 3 部分。胸骨柄呈四边形。柄的上侧有锁切迹,与锁骨构成胸锁关节,在外侧缘上侧通过肋软骨接第一肋骨。胸骨柄与体的交接处,形成略向前突的胸骨角,其两侧接第二肋软骨。胸骨体为长方形,两侧有第二~七肋切迹,连于相应肋软骨。下端以胸剑联合与剑突相连。剑突扁而薄,尖端向下游离,约在 30 岁以后开始骨化。

上肢骨每侧32块,相对较细、轻,运动也更灵活;下肢骨每侧31块,较粗壮、结实,与其承受体重及运动功能相关。

2. 肩带

肩带由锁骨和肩胛骨构成。肩胛骨为三角形的扁骨,贴附于胸廓上部的背面。锁骨位于胸廓上方,内侧端呈圆柱状,为胸骨端,与胸骨柄的锁骨切迹构成胸锁关节。外侧端较扁,为肩峰端,与肩峰相接构成肩锁关节。与其他许多哺乳动物相比,人类锁骨发达,有了锁骨的支撑,肩关节位于体侧并指向外侧,从而使前肢可以多方向转动。

3. 上肢骨

灵长类前臂的尺骨和桡骨是分离的。尺骨上端粗、下端细,上端与肱骨头构成肘关节;桡骨上端细、下端粗,下端与腕骨构成腕关节,桡骨可以在尺骨上转动,使前臂有很大的灵活性。手骨包括8块腕骨、5块掌骨和14块指骨。

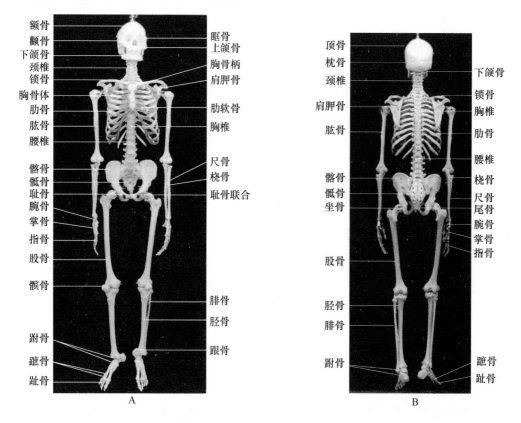

图 6-13　人的全身骨骼图
A. 前面观;B. 后面观　(仿 Graaff,1994)

4. 腰带

腰带为髋骨,是不规则的扁骨,由髂骨、耻骨和坐骨在16岁后融合而成,会合处为髋臼。脊柱末端的骶尾骨与两侧髂骨连接形成骨盆以连接躯干和下肢。

由于人类直立行走,骨盆比其他哺乳类的小,尤其是女性的比一般雌性的骨盆要小。人类的骨盆宽而短,呈碗状,支撑着内脏器官并成为双腿运动的肌肉的附着点。女性妊娠时支撑着发育的胎儿。男女骨盆存在性别差异,女性的比男性的稍大。女性骨盆外形短而宽,上口近似圆形,较宽大,骨盆下口宽大,耻骨下角较大(80°～110°),骨盆腔呈圆桶状;男性骨盆外形窄而长,上口近似心形,较小,骨盆下口窄小,耻骨下角较小(70°～80°),骨盆腔呈漏斗状。此外,人类髋臼分开得较远,股骨颈较长,髋关节十分灵活。

5. 下肢骨

下肢骨由股骨、髌骨、胫骨、腓骨和足骨构成。股骨是人体最长的骨,约为身长的1/4。髌骨为人体最大的籽骨,呈三角形,尖朝下,前面粗糙,后面光滑的关节面形成内小外大的两部分,与股骨髌面相关节。胫骨位于小腿内侧,是主要的承重骨。腓骨细长,位于胫骨外侧,腓骨不直接承重。足骨包括7块跗骨、5块蹠骨和14块趾骨。人类的足已经成为专门用于行走的高度特化的器官,足底形成了2个弓,从前到后的纵弓和从左到右的横弓,后者只有人类才有。

【作业】

1. 绘蟾蜍的肩带与前肢骨、腰带与后肢骨腹面观简图,注明各部名称。
2. 绘家兔的肩带与前肢骨,腰带与后肢骨简图,注明各部名称。
3. 写出陆生脊椎动物典型的五趾型四肢各部分骨片的名称。

【思考题】

1. 腰带骨富于保守性,而肩带骨变化很大,是什么原因造成的?肩带与头骨关系的变化有何意义?
2. 附肢骨的变化体现了什么原则?举例说明。
3. 哺乳类四肢扭转有什么意义?

实验7 肌肉系统的比较

【目的要求】

了解骨骼肌的分类和演化以及各纲代表动物的主要肌肉群;掌握解剖、分离肌肉的技术及解剖工具的使用。

【材料】

星鲨或斜齿鲨浸制标本;活蟾蜍;已处死和去羽的家鸡;活家兔或经甲醛固定保存的家兔标本。

【用具】

解剖器,解剖盘,探针,注射器,大头针。

【示例】

鲨鱼体肌剥制标本,鲨鱼躯干部和尾部横切片,蟾蜍肌肉剥制标本,蟾蜍骨骼标本;兔的肌肉剥制标本,鸡和兔的整体骨骼标本。

【解剖与观察】

肌肉收缩牵动骨骼产生运动,构成运动装置。一块肌肉中间较粗大的部分为肌腹,其两端附着于不同的骨块。肌肉收缩时固定不动的一端为起点,另一端为止点,肌肉收缩时牵引止点所附着的骨块产生运动。每块肌肉表面包裹一层结缔组织的肌外膜,使肌肉表面光滑,容易与邻近肌肉分离。肌肉块之间常有脂肪和结缔组织相连。解剖肌肉时由浅及深,并注意保持肌肉肌膜的光滑和完整。观察肌肉时应注意肌肉的位置、大小、形状、颜色、肌纤维走向和肌肉起止点,并随时对照此动物的骨骼标本。必要时可剪断肌肉肌腹以追踪起止点。观察深层肌肉时可将浅层肌肉的肌腹剪断,但要保留其两端起止点部分。操作时避免用尖锐的工具以免人为地撕裂肌肉。使用钝头镊并随时清除肌肉块之间的脂肪和结缔组织。尽量观察标本一侧肌肉,避免切断大的血管,另一侧保留以便核对、复习或留作他用。

肌肉比较实验中只观察由横纹肌纤维组成的、有一定形状的各类体节肌和属于内脏肌的鳃节肌,即骨骼肌。

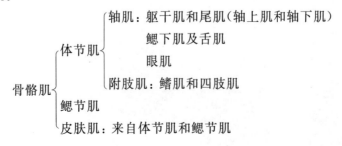

一、鲨鱼

1. 轴肌

将鲨鱼标本的尾部一侧皮肤切开一口,然后用手将皮肤剥离。鲨鱼的躯干和尾部肌肉呈明显分节现象,一系列肌节由前向后相嵌排列,与圆口类相似。但鲨鱼已出现了水平生骨隔、背生骨隔和腹生骨隔。体侧中部一条白色水平线即为水平生骨隔的外缘。用解剖刀将尾部横切,观察横断面,可见到一系列同心圆状的肌隔将肌节彼此分离,同时看到水平生骨隔及背、腹生骨隔,将轴肌分为轴上肌、轴下肌及左、右侧部分。水平生骨隔外缘恰对着侧线的位置。参见图 4-3 和示例标本。

2. 鳍肌

对照图 7-1 观察鲨鱼体肌剥制标本。鲨鱼具有成对的胸鳍和腹鳍,并具有鳍肌,是胚胎期的轴下肌分生肌芽延伸至鳍内而形成。鳍背面为伸肌,腹面为缩肌,受脊神经腹支支配。观察腹鳍背面肌肉与躯干肌的多数肌节相连接的情形。

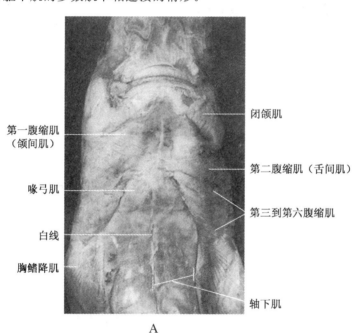

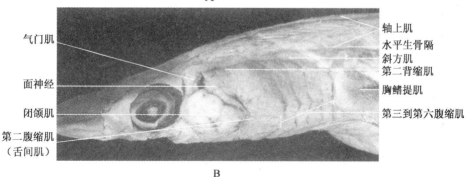

图 7-1 鲨鱼的体肌

A. 腹面观;B. 侧面观 (仿 Graaff,1994)

3. 鳃节肌

鳃节肌(图 7-1)发生上来自中胚层侧板的脏壁中胚层,着生于颌弓、舌弓和鳃弓上,使咽弓产生运动,属于内脏肌,受第Ⅴ、Ⅶ、Ⅸ、Ⅹ对脑神经支配,但肌纤维为横纹,是随意肌。鲨鱼鳃节肌主要观察以下 4 种:

斜方肌:细长形肌肉,位于轴肌与鳃之间。

背缩肌:在诸鳃裂背面,肌纤维斜向腹前方。

腹缩肌:在诸鳃裂腹面,肌纤维斜向腹后方。第一对腹缩肌为颌间肌,第二对为舌间肌。

闭颌肌:位于颌角,甚大,作用为关闭下颌。

4. 鳃下肌

鳃下肌(图 7-1)由躯干前部肌节腹端向头部延伸而成,受脊神经支配,属于躯干肌。鲨鱼鳃下肌位于乌喙骨棒与下颌底部之间、颌间肌的背面包括喙弓肌、喙下颌肌和喙舌骨肌,喙弓肌前部和其他两块肌肉需揭开表层的腹缩肌才可见到。鳃下肌构成咽和围心腔底壁,协助鳃节肌使口腔底部上升、口张开及鳃弓的运动。

二、蟾蜍

1. 处死动物及剥皮

用毁脑和脊髓的方法处死动物。左手执动物,使其背部朝上,用食指与中指夹住头部,大拇指压住背部,再将食指移到吻部向下压,使头骨与脊柱相接处凸起。右手执探针在枕骨后凹处刺入,但不要太深(此位置大约在蟾蜍背部两毒腺中点连线与背正中线交点处)。先将探针左右摆动,切断脑与脊髓的联系,再将探针向前插入脑腔中左右搅动,破坏脑组织,然后倒转探针的方向,向后插入脊椎管中,一边向下伸探针,一边旋转以破坏脊髓,直至腹部和四肢肌肉完全松弛为止。注意,不要用针刺破毒腺。如果不慎,毒液溅入眼睛,应立即用清水冲洗,然后再去附近医院就诊。

将蟾蜍腹面朝上,放于解剖盘中。左手持镊,夹起后腿基部腹中线的皮肤作一横切口,从此处沿身体腹中线剪开皮肤直达下颌。在前肢水平处作第二个横切,将这 4 片皮肤拉至身体两侧,再围绕大腿根部皮肤作一切口,用手将皮肤一直拉至足尖以便观察腿部肌肉(蟾蜍皮肤和肌肉之间有皮下淋巴间隙,皮肤易于剥除)。用大头针将上述 4 片皮肤固定于蜡盘上。

2. 观察

主要观察头部及躯干部腹面以及小腿部肌肉(图 7-2,7-3)。

(1)下颌肌肉

位于下颌腹表面的肌肉主要由鳃节肌演变而来。

下颌舌骨肌:为下颌最表面的一块薄片状肌肉,由下颌骨的一侧横过至另一侧,构成口腔底壁,肌纤维横行,在腹中线有一条腱划把它从中分为两半。此肌起于下颌骨,止于腹中线腱划。收缩时使口腔底部上升,并对舌的外翻起一定作用。

颏下肌:位于下颌舌骨肌前方的一小块三角形肌,横连于两齿骨之间,前缘紧贴颏骨及下颌连合。收缩时使颏骨上举,推动上颌的前颌骨使鼻瓣关闭,有助于肺囊的吸气。

(2) 胸肌

胸肌属于前肢肌肌群,为一块弓形肌肉,位于胸部及腹部前侧方。胸肌起于胸骨及腹壁,止于肱骨。胸肌分为三部分,即前胸部、后胸部和腹部。功能是支持并扩展腹腔,并能向内、向后牵转上臂。

(3) 腹部肌肉

腹部肌肉为轴下肌分化而来,轴上肌比例较小。

腹斜肌:分为内外两层,即表层的外斜肌和深层的横肌(又名腹内斜肌),均呈薄片状。腹外斜肌起于背部两侧肌肉腱膜,肌纤维从前背方向后腹方斜行,止于腹白线(腹白线位于腹前壁正中线,由腱膜组成,前起胸骨剑突,后至耻骨联合)。腹内斜肌在腹外斜肌内面,被腹外斜肌遮盖。起于第四椎骨横突至髂骨,肌纤维与腹外斜肌纤维走向相反并相互垂直。用解剖刀以与腹外斜肌纤维垂直的方向将其切开一口,将外斜肌揭开,即可露出其下的内斜肌。腹斜肌功能在于支持腹壁,并可使腹腔收缩,有助于吸呼作用。

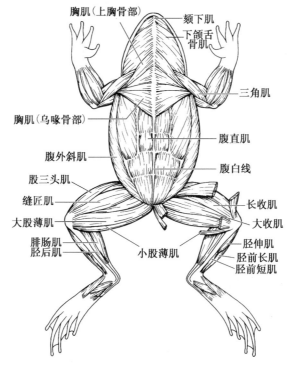

图 7-2　蟾蜍的肌肉系统(腹面观)

(仿 Graaff,1994)

腹直肌:位于腹白线两侧的一对大型肌肉,肌纤维沿腹壁纵行,起于耻骨联合,止于胸骨。此肌被五格横行腱划分为对称的 10 小块,界限明显,保持了原始分节的特点。功能为支持和保护腹部内脏,并固定胸骨的位置。

(4) 小腿部肌肉

小腿部肌肉属于后肢肌肌群。

腓肠肌：是小腿部最大的一块肌肉，位于小腿后面。起于股骨远端，另一端形成一根坚韧的腱，名跟腱，经过跗关节而止于足部的腹面。功能是将小腿屈向大腿，并能伸足。

胫后肌：位于腓肠肌腹面，起于胫腓骨的后缘（即屈曲面），止于距骨背面。功能为伸足，并能转足蹠向下。

胫前肌：位于胫腓骨前方，是一块长形、甚大的肌肉。起于股骨远端，肌肉末端又分开为两部，各自以肌腱分别止于距骨和跟骨。功能为伸展小腿。

胫伸肌：位于胫前肌与胫后肌之间，是一块细长肌肉，起于股骨远端，止于胫腓骨的伸展面上。收缩时使小腿伸直。

腓骨肌：位于腓肠肌与胫前肌之间，大小仅次于腓肠肌。起于股骨远端，止于跟骨。功能为伸展小腿。

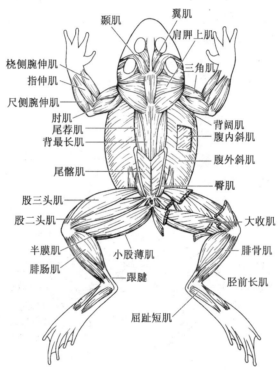

图 7-3 蟾蜍的肌肉系统（背面观）

（仿 Graaff，1994）

三、鸡

鸟类由于适应飞翔生活，肌肉系统特化。躯干背部的轴上肌极不发达，而与飞翔有关的胸肌（属于附肢肌）极其发达。本实验观察胸肌，其他部分略（图 7-4）。

用解剖剪沿腹正中线剪开皮肤并向前剪至颈基部，向后至泄殖腔前缘，并用解剖刀柄将整个腹面的皮肤与肌肉分离开。

1. 大胸肌

大胸肌极为发达，是主要的飞翔肌。位于龙骨突起的两侧，起于胸骨体及龙骨突起，一部分起于乌喙骨和锁骨，肌纤维由内向前外方伸展，最后以肌腱止于肱骨近端腹面。其作用是使两翼下降。

2. 小胸肌

小胸肌沿胸骨和龙骨突切开大胸肌,其深层的肌肉即为小胸肌。起于龙骨突和胸骨前端,较大胸肌窄而扁平,以长腱穿过三骨孔(由锁骨、肩胛骨、乌喙骨组成),止于肱骨近端背面。其作用是使两翼上升。

将大、小胸肌分别从起点处剥离,交替地上下拉动,观察翼的运动方向,以了解它们对翼的作用。

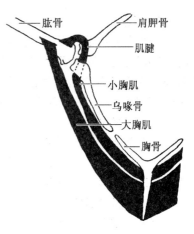

图 7-4 鸟的胸肌示意图

四、兔

1. 活兔的处死和剥皮

实验中采用的耳部静脉血管内注射空气的办法处死动物。将兔放于实验桌上,用手指夹住兔耳基部,使耳郭背面静脉血管充盈而明显可见(图 7-5)。在注射器的针管中抽入 5～8 mL 空气,将针头以向心方向插入耳郭静脉,放开手指并将空气注入。数分钟内兔窒息而死。针头插入位置最好靠近静脉血管远端,如一次注射不成功,再将位置向耳基部靠近。

将兔腹部朝上置于解剖盘内。在兔腹部围绕外生殖器各剪一圈,将皮肤剪开。剪时用解剖剪钝头插入皮肤并略向上挑,以免损伤肌肉或划开腹壁。再在四肢的踝部和腕部各剪一圈。用手指或解剖刀柄插入皮下,游离腿部皮肤。将腿部皮肤纵向剪开,暴露腿部肌肉。剥离腿后及尾部的皮肤和肌肉。然后拽住后部游离的皮肤由兔身体后部向前桶状剥离皮肤。可以两位同学配合,一位双手抓住兔体(注意保护较薄的腹部皮肤,不要用力过度而撕裂),一位向前用力拽兔皮;将皮肤剥离至前肢时,可将上肢褪出;继续剥离至头部时,用解剖刀在耳壳基部处将耳壳基部软骨从皮肤内面切断,使耳壳随皮肤剥下,还要将眼睑与皮肤相连部分沿眼眶剪开,最后将皮肤与唇部剪开,皮肤即剥离兔体。

在剥离皮肤的过程中,注意观察皮下的组织。皮肤和肌肉之间有一层疏松结缔组织或浅筋膜,其中含有脂肪和皮肌。皮肌为极薄的一层肌纤维,在胸部和肩胛部加厚而较为明显。浅筋膜下面为白色致密的结缔组织,盖在肌肉表面,厚而坚韧,此为深筋膜。背腰部的深筋膜为腰背筋膜。用解剖镊将疏松结缔组织和脂肪清除,注意识别它们与肌肉组织的不同。

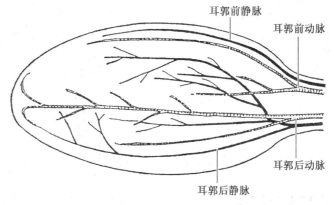

图 7-5 兔耳郭动静脉(背侧面)

A. 实验部分

2. 观察

哺乳类的四肢肌以及与四肢有关的躯干肌复杂而强大；鳃下肌转变为与舌运动有关的肌肉；鳃节肌已演变，实验中可观察到由它演变的开口肌和闭口肌以及与头部和肩部运动有关的肌肉。主要观察兔肌肉中的头部咀嚼肌、颈喉部肌肉、躯干部肌肉和四肢肌肉等肌群中的表层肌肉（图7-6～7-13）。按以下顺序进行解剖和观察。

——头颈部肌肉

头颈部肌肉有一层薄的结缔组织覆盖，用解剖剪剪开或用解剖镊将其拉开并清除，使颈部肌肉清楚地显露。注意识别：喉部表面一对大血管，为颈外静脉，颌角一对卵圆形暗红色腺体，为颌下腺，耳壳基部腹前方一对淡红色形状不规则的腺体为耳下腺。

（1）头部咀嚼肌

观察由鳃节肌演变的开口肌和闭口肌（图7-6）。

咬肌：位于下颌外侧面、耳下腺的前方，色较红，属于红肌，是一块强大的肌肉，起于颧弓，止于下颌后部。作用：闭口。

二腹肌：在下颌骨内面，以一长而粗的腱起于枕骨的颈突，沿下颌骨内侧前行，止于下颌骨前腹缘。此肌只有前肌腹，后肌腹退化。作用：开口。

（2）颈喉部肌

胸骨乳突肌（图7-6,7-7）：来自鳃节肌，为颈部腹表面的长条状肌肉，在颈外静脉背面。左右侧肌合成"V"形，起于胸骨柄，斜向颌下腺行，止于岩乳骨的乳突。作用：使头转动或拉头回缩。此肌腹面有耳蜗降肌，起于胸骨柄，止于耳基部，注意区别它们。

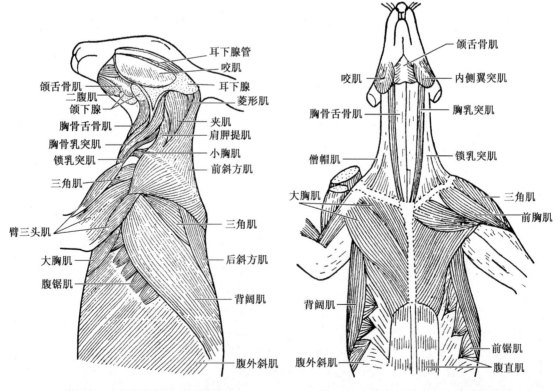

图7-6　兔的表层肌肉（外侧面）
（仿丁汉波，1982）

图7-7　兔颈部和躯干部表层肌（腹侧面）
（仿丁汉波，1982）

锁乳突肌(图 7-6,7-7)和**枕锁肌**(图 7-8):两肌合称臂头肌,为两对长带状肌肉,位于胸骨乳突肌的外侧面。锁乳突肌来自鳃节肌,位于较深层,起于头骨的乳突,止于锁骨。枕锁肌为浅层肌,起于枕骨,止于锁乳突肌止点内侧的锁骨上。在寻找两肌的止点前,先在肩部肌肉中用手指触摸以找到锁骨,它是一细骨条,两端以韧带分别与胸骨柄和肱骨相连。两肌的作用:转动头部或举前肢。

胸骨舌骨肌(图 7-6,7-7):来自鳃下肌,位于颈部腹面正中,是一对相互平行的、并在中线紧密结合的肌肉,贴着气管。起于胸骨柄,止于舌骨大角。作用:拉舌骨向后。

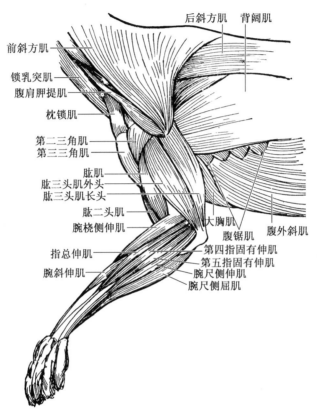

图 7-8　兔前肢肌(外侧面)
(仿杨安峰,1979)

(3) 躯干部肌

躯干部肌分为胸壁肌、腹壁肌和脊柱肌。前两肌群为轴下肌,后一为轴上肌。

① 胸壁肌(图 7-7):这一部分的观察可放在前肢肌肉的观察之后进行。

肋间外肌:自前一肋骨后缘连后一肋骨前缘,肌纤维方向由前上方向后下方斜行。作用:将肋骨拉向前外方,扩大胸腔,引起吸气动作。

肋间内肌:位于前一肌肉深层,小心切开肋间外肌的一小部分即可见到,由肋骨前缘起向前下方,止于前一肋骨后缘,肌纤维方向和肋间外肌正相反。作用:将肋骨拉向后内方,缩小胸腔,引起呼气动作。

② 腹壁肌:形成腹腔的侧壁和腹壁,为均匀薄片状肌(图 7-6~7-8,7-10)。

腹外斜肌(图 7-6～7-8,7-10):为腹壁外层肌,肌纤维方向由背前方斜向腹后方。起于胸骨剑突、第四至第十二肋骨以及腰背筋膜,止于腹白线和腹股沟韧带(位于耻骨合缝和髂骨嵴之间的一条白色强韧带)。作用:压缩腹部。

腹内斜肌(图 7-10):位于腹壁中层,其肌腹部靠腹壁的背部及后部,用刀片小心地切开此处的腹外斜肌即可见到。肌纤维方向与腹外斜肌正相反,由背后方斜向腹前方。起于腰背筋膜、腹股沟韧带和最后四个肋骨,止于腹白线。作用:压缩腹部。

腹横肌(图 7-10):为腹壁肌的最内层,很薄,肌纤维横行略偏向后,在观看上一肌肉的同一位置小心切开腹内斜肌即可见到,切勿划开腹壁以免内脏流出。此肌起于后 7 个肋骨、腰椎横突末端以及腹股沟韧带,止于腹白线。作用:压缩腹部。

腹直肌(图 7-7,7-10):位于腹白线两侧,呈带状,肌纤维纵行,有 6 条横行腱划,是残遗的肌肉分节现象。起于耻骨合缝前端,止于胸骨剑突和肋软骨。作用:紧缩腹部和缩回肋骨及胸骨。

③ **脊椎背侧肌**(图 7-9):观察时同时参见兔肌肉示例标本。

剪开腰背筋膜,可见到脊柱两旁各有一组强大肌肉位于椎骨棘突与横突之间及肋骨之上,每组肌肉又分为 3 部分。

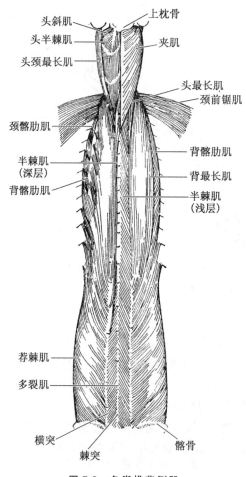

图 7-9 兔脊椎背侧肌
(仿杨安峰,1979)

半棘肌：最内侧的一条肌肉，起止点在一组椎骨的横突与另一组椎骨的棘突上。

背最长肌（俗称通脊）：为背部中间的一条最大的肌肉，起于髂骨嵴、胸腰椎的棘突，止于腰椎以前的横突，表面有腰背筋膜覆盖。

背髂肋肌：靠腹面的一条肌肉，起于腰背筋膜深层、前几个腰椎横突及肋骨上，止于各肋骨后缘及最后几个颈椎的横突。背髂肋肌和背最长肌之间有一较深的肌间沟。

夹肌：是颈背部的脊柱肌，位于前斜方肌深层、菱形肌前方，宽而薄。起于项韧带（连接枕骨和颈椎棘突的弹力纤维膜），止于枕部、乳突部和环椎翼。

脊柱背侧肌群的作用是使脊柱伸直，提举头、颈和尾，当一侧肌群动作时使脊柱向该侧旋转。

④ 脊柱腹侧肌（图 7-10）：在脊柱腹侧、胸腹腔背壁，有数块肌肉构成脊柱腹侧肌群，前端起于最后几个胸椎椎体及相应肋骨基部、全部腰椎椎体和横突以及荐骨腹面，后端止于后面腰椎横突、髂骨、耻骨前缘、股骨小转子、尾椎体及横突。其中的腰方肌、腰大肌、腰小肌、髂肌即为俗称的"里肌"。作用：屈头、颈、腰和尾，一侧肌群动作时，可使头颈部和尾部偏向该侧。这一肌群不要求仔细辨认。

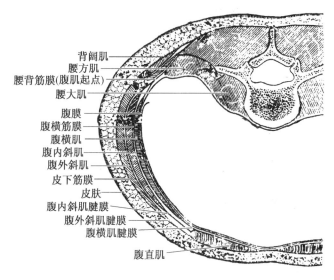

图 7-10　腰部横断面

——四肢肌肉（分前肢肌和后肢肌）

（1）前肢肌

本实验观察前肢肌中的肩带肌和肩关节肌 2 个肌群（图 7-6～7-8，7-11），其余从略。

① 肩带肌：是前肢与躯干间的连接肌。

前斜方肌和**后斜方肌**（图 7-6，7-8）：斜方肌由鳃节肌演变而来，与其他附肢肌肉不同。前、后斜方肌均为宽而薄的三角形肌，覆于背部和颈背部，常被误认为是结缔组织膜而清除，或剥皮后筋膜变干，与表层薄肌连在一起而被不经意地随筋膜撕掉，要小心加以辨认。前斜方肌起于外枕骨，止于后肩峰突及冈上筋膜。作用：拉肩胛骨及前肢向上向前。后斜方肌起于腰背筋膜和胸椎的棘突，止于肩胛冈背面。作用：拉肩胛骨向背方。两个斜方肌之间的间隙为一腱膜所连。

背阔肌(图7-6～7-8,7-10):位于体侧,为大而扁平的长三角形肌,由背中部斜向前肢,起于腰背筋膜及后部肋骨,止于肱骨内侧,止点为胸肌所盖。作用:拉前肢向后方及背方。

菱形肌(图7-6,7-11):将前、后斜方肌和背阔肌的肌腹中央剪断,即可见到大而较厚的菱形肌,由肩胛骨的椎缘延伸到背中线。起于颈部项韧带及前7个胸椎棘突上,止于肩胛骨椎缘内侧面。作用:拉肩胛骨移向脊柱。此肌的腹侧有一条细长的肌肉,从人字嵴到肩胛骨的椎缘,为肩胛提肌,注意区别。

头菱形肌:割断菱形肌,在菱形肌内面,呈细带状,沿夹肌外侧面与头骨相连。起于鼓泡上方的头骨上,止于肩胛骨椎缘后部。作用:拉肩胛骨向头部并转动之。

腹锯肌(图7-6～7-8):剪断菱形肌肌腹,提起肩胛骨椎缘,其下方有一大的扇形肌肉自肩胛骨延伸至胸壁的前部及后部。前部(即颈腹锯肌)起点在第一及第二肋骨,并以分开的腱起于第三至第七颈椎横突。后部(即胸腹锯肌)以7个小腱分别起于第三至第九肋骨。前后两部均止于肩胛骨椎缘内侧面。作用:拉肩胛骨向前、向后及向上,前肢不动时,后部可向前上方牵引肋骨,帮助吸气。

大胸肌(图7-6～7-8):将兔腹部朝上,展开前肢,则可见发达的大胸肌几乎覆盖整个胸部。起于胸骨全长,止于肱骨前内侧面,终点为锁三角肌所盖。作用:内收前肢。

前胸肌(图7-7):大胸肌之前,形细长,起于胸骨柄,止于肱骨三角肌隆起,其前缘与锁三角肌相接,因而终点一部分也为此肌所盖。作用:内收前肢。

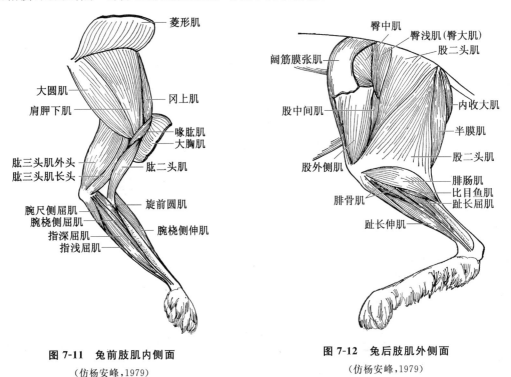

图7-11 兔前肢肌内侧面
(仿杨安峰,1979)

图7-12 兔后肢肌外侧面
(仿杨安峰,1979)

② 肩关节肌:大多起于肩胛骨,止于肱骨。

冈上肌(图7-11):位于冈上窝中,起于此窝骨面,止于肱骨近端。作用:伸上臂。此肌的前部被胸深肌肩胛前部所盖。

三角肌(图 7-6～7-8)：包括锁三角肌、肩峰三角肌、肩胛三角肌 3 块，其中：

锁三角肌(第一三角肌)与锁乳突肌相连，起于锁骨，止于肱骨。作用：举上臂。

肩峰三角肌(第二三角肌)位于锁三角肌外侧面，是一块三角形小肌，起于肩峰突，止于肱骨三角肌隆起。作用：举上臂。

肩胛三角肌(第三三角肌)位于肩峰三角肌外侧面，形较长，起于冈下筋膜，通过后肩峰突的下方，止于肱骨三角肌隆起。作用：举上臂。

冈下肌：被肩胛三角肌所盖，去此肌后即可见到。填充于冈下窝中，起于此窝骨面，止于肱骨近端。是肩关节的外展肌，对肩关节起固定作用。

大圆肌(图 7-11)：位于肩胛的腋缘、冈下肌之后。起于肩胛骨腋缘靠背面的一半，止于肱骨前面。作用：举上臂。

肩胛下肌(图 7-11)：提起肩胛骨，可见到此肌完整地盖在肩胛骨内侧面，后面与大圆肌相连，前面与冈上肌相连。起于肩胛骨内侧面，止于肱骨。作用：拉肱骨向腹中线。

(2) 后肢肌

后肢肌(图 7-12,7-13)有髋关节肌、膝关节肌、跗关节肌和趾关节肌，本实验中趾关节肌从略。

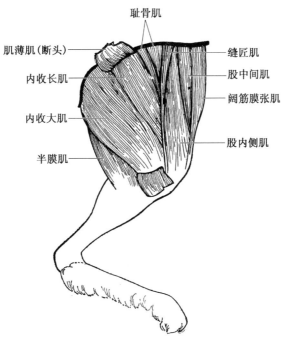

图 7-13　兔后肢肌内侧面
(仿杨安峰,1979)

① 髋关节肌：大多起于脊柱和腰带，止于股骨和小腿骨。

阔筋膜张肌：位于大腿外侧面靠前半部，被一层较厚的筋膜(称阔筋膜)所盖。膜的近端连接一块厚三角形肌肉，此即阔筋膜张肌。它的前面与股直肌第一部分相连，后面与臀大肌前部相结合而不易分离。起于髂骨和邻近筋膜，止于阔筋膜。作用：使大腿屈曲。观察时找到股骨第三转子，用解剖刀从此处向股骨远端方向切开筋膜，向两侧、向上将筋膜剥离，即可分离阔筋膜张肌。

臀大肌：又称臀浅肌,为一薄肌,去臀筋膜后才可见到,后面的一部分为股二头肌所盖。分前后两部,前部与阔筋膜张肌紧密结合,需细心剥离。前后两部以筋膜相连。起于臀筋膜和髂骨翼腹前缘,止于股骨第三转子。作用：伸展大腿。

臀中肌：较大而厚,位于臀大肌之前并部分被其所盖。分为深浅两部。新鲜材料中可见到浅部为白肌,深部为红肌。起于髂骨嵴及髂骨翼前缘,止于股骨大转子。作用：伸展大腿。

股二头肌：位于臀大肌后面、大腿外侧面中部。将此肌与大腿后缘的半膜肌分开,去其表面筋膜,可见此肌分长短两头。短头在前,呈倒三角形,起点较宽,在后3个荐椎和前3个尾椎棘突上,以一扁腱止于膝盖骨后缘；长头在后,呈正三角形,起于坐骨结节背面,止于小腿外侧筋膜。作用：伸大腿,屈小腿。

将左右后肢向两侧掰开便于观察。

股薄肌：大而薄,位于大腿内侧面的后半部,起于耻骨合缝,止于大腿远端和小腿近端的筋膜。作用：内收大腿。

内收大肌和内收长肌：横行剪断股薄肌肌腹,其下可见此二肌,肌纤维自腹中线走向股骨远端。后面一块为内收大肌,其前面为内收长肌。起自耻骨合缝后部及坐骨腹面结节,止于股骨远端后内侧面。作用：内收大腿。

半膜肌：位于大腿后缘,在股二头肌和内收大肌之间,起于股二头肌表面筋膜和坐骨结节,与股薄肌同止于小腿内侧筋膜。作用：伸大腿,屈小腿。

半腱肌：纵裂内收大肌,其内有一圆筒形颜色较红的肌肉柱,即为半腱肌,为红肌。如果横断内收大肌,则可见红色的半腱肌像笔芯嵌在白色的内收大肌中间。起于坐骨结节,止于胫骨内侧。作用：伸大腿,屈小腿。

缝匠肌：位于大腿内侧面中央、股内侧肌和股薄肌之间,呈长细带状,属红肌。起于腹股沟韧带,止于股骨近端内侧。作用：内收和转动大腿,屈曲髋关节。

耻骨肌：位于缝匠肌和内收长肌之间,为梭形小肌。起于耻骨嵴,止于股骨小转子的下方。作用：内收大腿。

② 膝关节肌：包括伸肌和屈肌,屈肌为半腱肌和半膜肌,伸肌为股四头肌和腘肌,腘肌从略。

股四头肌：位于股骨背面和侧面,强大而有力,有4个头。

股外侧肌：纵割阔筋膜和阔筋膜张肌直至膝盖,其下方可见到强大的股外侧肌。起于股骨大转子的前侧面。

股直肌：分为两部分,第一部分包住大腿前缘,较薄,延伸于大腿内、外侧面,起于髂骨翼和阔筋膜,并与阔筋膜张肌肌纤维相连接。第二部分位于股外侧肌内侧,为一圆柱状肌肉,将股直肌第一部分与股外侧肌分离直至大腿内侧时即可见到。起于髋臼之前的髂骨部分。

股中间肌：紧贴股骨的前面和前外侧面,在股外侧肌的后面和股二头肌短头之前,色较红,属红肌。从下部可和股外侧肌部分地分离。起于股骨大转子和股骨前面。

股内侧肌：在大腿内侧,股直肌第一部分之后,并与该肌略有牵连。起于股骨近端。

以上4个头均经膝盖骨以及跨过膝盖之腱止于胫骨。作用：伸小腿。

③ 跗关节肌：起于股骨和小腿骨,止于跗骨和蹠骨。

腓肠肌：为宽而厚的肌肉,位于小腿后部,分为外侧头和内侧头,起于股骨和胫骨近端的侧面及内面之髁,以跟腱止于跟骨。作用：伸足。

比目鱼肌：在腓肠肌内表面凹窝内，将腓肠肌分离开即可见到。起于腓骨上端，止于跟骨。作用：伸足。

以上二肌色较红，均属红肌。

胫前肌：位于小腿外侧面，其外面及背面被股二头肌及筋膜的下端所盖，将它们除去后可见本肌。起于胫骨，止于第二蹠骨。作用：屈足。

腓骨肌：位于小腿外侧面、胫前肌的深面，包含 4 条联合的肌肉。起于胫骨与腓骨，远端各以一长腱共同穿过胫骨外侧髁止于蹠骨。作用：屈足。

【作业】

1. 绘鲨鱼尾部横切面图，注明各部分名称。
2. 绘蟾蜍下颌腹面、胸腹部和小腿部主要肌肉简图，注明各部分名称。
3. 蟾蜍下颌、胸腹部及后肢（小腿部）主要有哪些肌肉？比较它们的发生与功能。
4. 绘鸡胸肌与有关骨骼的关系简图，说明胸肌的功能。
5. 任意绘一组兔的骨骼和肌肉的关系简图，说明运动装置的构成以及结构与功能的密切关系。
6. 举例说明鳃下肌和鳃节肌的演化以及通过何种途径判断肌肉的同源。
7. 比较鲨、蟾蜍、兔的肌肉系统，阐明肌肉的演化与脊椎动物由水上陆进化的密切关系。

实验8　消化系统和呼吸系统的比较——鲨、鲤鱼、蟾蜍、石龙子

【目的要求】

了解各纲代表动物消化系统和呼吸系统的形态结构,掌握它们的逐渐分化、完善的进化过程及对环境的适应;掌握解剖器的使用,熟练解剖技术。

【材料】

星鲨或斜齿鲨的浸制标本,活蟾蜍,石龙子(*Eumeces chinensis*)浸制标本。

【用具】

解剖器,解剖盘,玻璃吹管,探针,大头针。

【示例】

鲨、鲤鱼、蟾蜍、石龙子内脏解剖,星鲨螺旋瓣肠,蟒蛇肺脏,牛蛙的甲状腺和胸腺。

【解剖与观察】

一、鲨

将鲨鱼背鳍剪下,腹部朝上置于盘中。用解剖剪从泄殖腔孔侧前方沿腹中线偏左侧向前剪至胸鳍后缘(解剖剪钝头朝下,将刀尖稍向上挑,以免伤及内脏),然后在切口上下两端向体壁两侧各做一横切(下切口要离泄殖腔前3~4 cm左右)打开胸腹腔。腔内壁为平滑而发亮的腹膜。胸腹腔前端的壁为横隔膜,将胸腹腔与围心腔隔开。观察鲨鱼体腔分哪几个部分?打开胸腹腔后注意内脏各器官的原位,并注意两侧内壁上各有一条静脉血管从横隔膜一直向后纵向延伸,此为侧腹静脉。可将腹壁部分剪下以便进一步观察。部分鲨鱼在被捕出海面时因压力差的原因,一部分消化道会从口腔或泄殖腔孔被压出,可用手小心地将它们拉回胸腹腔。

1. 消化系统

鲨鱼消化系统(图8-1)包括消化道和消化腺。消化道分为口腔、咽、食道、胃、小肠、大肠、泄殖腔。末端以泄殖腔孔通体外。消化腺包括肝脏和胰脏。

鲨鱼口腔中的上下颌为齿,但无咀嚼功能。口腔底部有不能活动的舌。口腔后为咽,咽后接食道,在胸腹腔前端有大的褐色肝脏(或灰色或黄色)。肝分两叶。星鲨胆囊在左叶基部,斜齿鲨的胆囊则在右叶基部,为透明囊状,浅浅地埋在肝组织内,很不明显。胆囊伸出长而坚韧的白色胆管在肠系膜中穿行,进入十二指肠前端,可沿胆管向肝的方向追踪胆囊。将肝脏剪下部分,留下前部,便于观察深层内脏器官。食道后接一呈"J"形的胃。胃呈直管状,位于肝脏背面,前端稍膨大,与食道相接,为贲门部,胃后部显著变细并弯向右上方,这一部分为幽门部,以幽门与十二指肠相接。十二指肠始端有胆管通入,很短即向右后方延伸。胃的转弯处的后壁有一条长形的深灰色器官,为脾脏,是一个淋巴器官。胰脏位于胃肠交接处,由背叶和腹叶组成。腹叶在十二指肠弯曲处,背叶则在其背面,呈长条形,向后一直延伸至脾脏。胰脏色较浅,胰管不易见到,埋在腹叶后缘组织内。十二指肠很短,后接显著变宽的螺旋瓣肠。星鲨的这段肠内具螺旋瓣,斜齿鲨的这段肠则为卷筒状。直肠是消化道最后段,短而细,开口于泄殖腔。直肠背面有一圆柱形器官,为直肠腺,开口于直肠,具泌盐的功能。

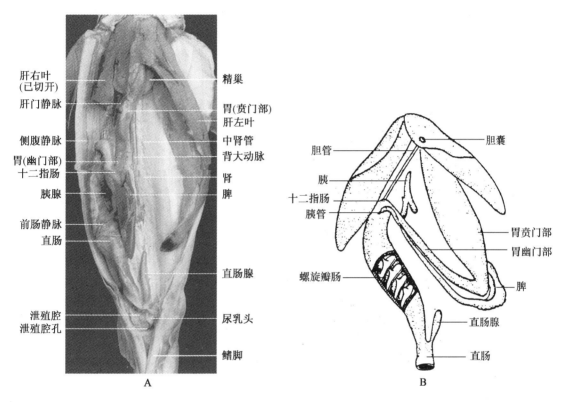

图 8-1 鲨鱼的内脏
A. 照片(仿 Graaff,1994);B. 示意图

所有内脏器官因有系膜的存在而有固定的位置。系膜因位置不同而分背、腹系膜。

(1) 背系膜

胃系膜:连接胃到背部体壁。

小肠系膜:连接小肠与背部体壁。

直肠系膜:连接直肠、直肠腺与背部体壁。

(2) 腹系膜

肝十二指肠韧带:连接肝和十二指肠;这一韧带包围着胆管和肝门静脉。

肝镰状韧带:位于肝脏前部腹面,连接肝脏与腹壁。

肝脏还由冠状韧带将肝脏前端连于横隔膜后壁。此韧带在发生上是横隔膜突出于后面的部分。

在食道和直肠处将消化道剪下,并剪断所连接的系膜,再将胃和螺旋瓣肠纵剖开,用水冲净,观察胃内壁的纵褶和螺旋瓣肠内面的瓣膜,比较星鲨和斜齿鲨的不同。

2. 呼吸系统

鲨鱼以鳃呼吸，其咽壁被喷水孔及其后方的 5 对鳃裂所贯穿。鳃裂直接开口于体外，鳃裂的前后壁上有密密排列的褶皱。用解剖剪沿头左侧靠前方的相邻 2 个鳃裂向前、腹两面剪开，可清楚地看到一个鳃的全貌(图 8-2)。注意不要将口剪得太大、太深以免伤及心脏和其他血管。再用解剖剪剪下一个鳃用水冲净后放在盘中观察。一个鳃是由对称的两面组成，每一面为一个半鳃，两个半鳃之间为鳃间隔。鲨鱼的鳃间隔很长，由鳃弓延伸至体表。鳃基部为软骨鳃弓，其中的上鳃骨和角鳃骨发出软骨鳃条伸入鳃间隔中。半鳃上有非常稠密的皱褶，由上皮折叠形成栅板状贴在鳃间隔上，称鳃瓣(即鳃丝)。用解剖刀和解剖镊将鳃间隔打开可见到鳃条。星鲨鳃弓内侧凹缘上生有鳃耙，用于滤食。斜齿鲨的鳃耙退化。喷水孔是颌弓和舌弓间的咽裂，实则是入水口，尤其在底栖种类中。观察：喷水孔中有无鳃的结构？鲨鱼共有几个半鳃？

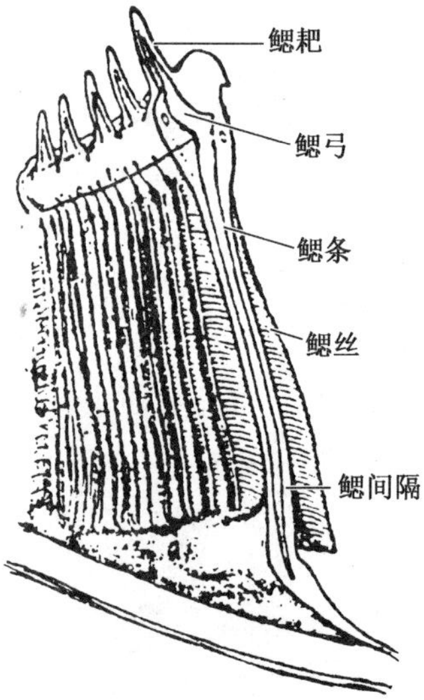

图 8-2 鲨鱼鳃的构造

二、鲤鱼

将鲤鱼右侧朝上放在解剖盘中，用手术剪由肛门稍前方沿腹中线向前剪至胸鳍，再从肛门稍前方向背方剪到脊柱(以保护肛门和泄殖孔)，沿脊柱向前至鳃盖后缘剪去一侧的体壁，使内脏全部暴露(图 8-3)。剪时注意将剪尖朝上以免伤及内脏。

1. 消化系统

消化系统包括口腔、咽、食道、肠等。消化腺是肝胰脏。口腔由上下颌包围，上下颌均无齿。口腔背壁由厚的肌肉组成。口腔底部有不能活动的三角形舌。口腔向后是咽部，左右两侧是鳃裂。第五对鳃弧称咽骨，其上无鳃丝，而生有咽喉齿。咽后有短的食道，食道背面有鳔管通到鳔。无明显的胃(杂食或草食性的鱼的胃肠分化不明显，肉食性的鱼有胃的分化)。食道之后为肠管，鲤鱼肠约为体长的 2～3 倍(其长度也与食性有关)。注意先不要将肠管拉直，以免破坏肝胰脏。小肠与大肠分界不清，肠的前 2/3 大致为小肠，大肠较细，最后为直肠，以肛门开口体外。肝胰脏呈暗红色散漫状，分布在肠各部之间的肠系膜上。肉眼分不出肝脏和胰脏，但在组织结构上两者是分开的。胆囊大部分埋在肝胰脏内，为一暗绿色的椭圆形囊，有胆管通入肠前部。脾脏位于肠管与鳔之间，为一细长红褐色的器官。思考：鲤鱼的脾脏属于何系统？鳔位于胸腹腔背面，分前后两室。由后室发出一鳔管和食道背面相通。思考：鲤鱼的鳔有什么功能？

观察不同食性鱼类的鳃耙和咽喉齿的示例，包括肉食性乌鱼、杂食性鲤鱼、草食性草鱼和浮游生物食性的鲢鱼。其中鲤鱼的咽喉齿有 3 列，齿式为 1.1.3/3.1.1(由两侧向中间数)；鳃耙疏密长短程度适中。思考：鳃耙和咽喉齿的形态有哪些对食性的适应？

2. 呼吸系统

呼吸系统有 4 对鳃成为呼吸器官(第五对鳃弓特化)。每一鳃弓外缘具两列鳃片，每一列鳃片称半鳃，2 个半鳃合称全鳃。鳃间隔退化，鳃丝直接着生在鳃弓上。每一鳃弓的内侧凹缘有两行齿状鳃耙向鳃的两侧伸出，使食物不致由鳃孔漏出。鳃耙的长短疏密与鱼的食性有关。鳃腔有鳃盖掩盖，鳃盖后缘的薄膜称鳃盖膜，可使鳃盖关闭紧密。

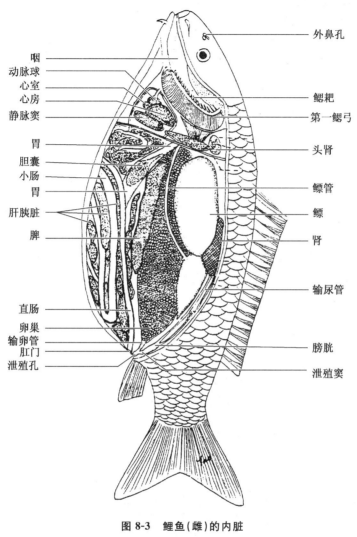

图 8-3　鲤鱼(雌)的内脏
(仿陶锡珍，1994)

三、蟾蜍

按实验 7 所述的方法将动物处死，并将腹面皮肤剪开。左手持解剖镊，夹住后肢基部之间的腹肌，沿腹中线偏左侧剪开腹壁(以免损伤腹中线的腹静脉)，刀口直达胸骨剑突。再由此向左侧斜剪，剪断肩带，将腹壁向动物右侧翻转，露出胸腹腔，并可见腹静脉沿腹中线前行到达肝脏腹面。

1. 消化系统

两栖类消化道包括口、口咽腔、食道、胃、小肠、大肠、泄殖腔。有独立的肝脏和胰脏。

将口打开，沿颌角向后剪开少许，将下颌向下翻，使口开大以便观察口咽腔(图 8-4)。蟾蜍口咽腔内无牙齿(青蛙具有上颌齿和犁骨齿)。口咽腔底部有一肌肉质的舌，舌根固着在口

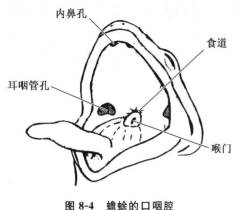

图 8-4 蟾蜍的口咽腔

咽腔底部前端,舌尖呈圆形(蛙舌尖分叉),向后折叠,捕食时向外翻出。口咽腔内有分泌黏液的腺体。口咽腔顶部紧靠犁骨外侧有一对椭圆形小孔,为内鼻孔。试以探针由外鼻孔通入可达此孔。思考:内鼻孔的出现有何意义?在口咽腔顶部两侧接近口角处有一对耳咽管孔(又称欧氏管孔),与中耳腔相通,思考:耳咽管孔有何作用?口咽腔后端中央有向下的 2 个开口。位于腹侧的开口是一个由 2 块半月形构状软骨围绕的呈突起状的喉门,中央纵裂向下通入喉头气管室,用解剖镊伸进纵裂可将喉门打开。喉部软骨由第三鳃弓演化而来。背侧的开口向下通入食道,为食道口。

继续观察胸腹腔中的消化道(图 8-5)。

用解剖镊由口腔向后插入食道口,可见通入一很短的食道。胃以贲门接食道。胃位于胸腹腔左侧,稍弯曲,前端较宽,后端渐细,末端显著收缩的部位为幽门。幽门后接十二指肠。十二指肠向右前方延伸,当它再次折向后方时成为回肠,仍是小肠一部分。在靠近腹腔后端时肠部突然加宽,此为直肠。直肠又粗又短,末端通向泄殖腔。

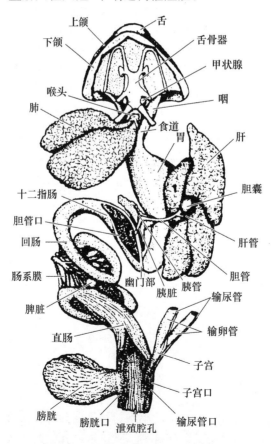

图 8-5 蟾蜍(雌)的消化系统和呼吸系统

肝脏位于胸腹腔前端,分左、右两叶,红褐色。左右肝叶中间有一绿色圆形胆囊,以胆总管通入十二指肠。提起十二指肠,用手挤压胆囊,可见暗绿色胆汁流经胆总管进入十二指肠。在胃与十二指肠间的肠系膜上有一个不规则的呈条状的淡黄色腺体,为胰脏,分泌的胰液借胆总管排入十二指肠。十二指肠后为盘旋的回肠。直肠前端的肠系膜上有一个深红色圆形小体,为脾脏。思考:蟾蜍的脾脏属于消化系统吗?直肠粗短,通泄殖腔,以泄殖腔孔通体外。

2. 呼吸系统

成体蟾蜍的呼吸系统示于图 8-5 中,其呼吸器官是肺,同时,其皮肤是呼吸的重要辅助器官。肺位于胸腹腔前端背部,是一薄壁的囊。肺前方接一短管,与喉门相接,为喉头管室。肺在膨大与缩小时体积差别很大。用一玻璃吹管插入喉门将空气吹入肺内,观察肺在膨大时内壁的结构:呈蜂窝状,布满丰富的毛细血管。思考:空气经过哪些结构进入肺部?

在实验材料中辨认胸腺和甲状腺。在蟾蜍和蛙的舌骨后侧突和舌骨后角之间的位置上可发现椭圆形小腺体,颜色淡红,为甲状腺(图 8-5,8-6)。蛙的胸腺在鼓膜后方,下颌降肌(起于上肩胛骨背面筋膜,止于下颌角)下面(图 8-7),是一个不规则的卵圆形腺体。观察牛蛙示例中的甲状腺和胸腺。甲状腺和胸腺为内分泌腺,胸腺还是一个重要的淋巴器官。

图 8-6 蛙的甲状腺
(仿丁汉波,1982)

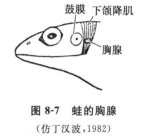

图 8-7 蛙的胸腺
(仿丁汉波,1982)

四、石龙子

将石龙子腹壁沿腹中线剪开并向前直达颈部,在前肢后缘和后肢前缘沿切口向两侧横向剪开腹壁,用大头针将两侧腹壁固定在蜡盘上。将解剖剪伸进口腔沿口角向后剪开,将口腔打开。观察石龙子的呼吸系统和消化系统(参阅图 8-8)。

1. 呼吸系统

将下颌拉下,观察内鼻孔和喉门。内鼻孔的位置已较蟾蜍后移。鳄出现完整的次生鳄,使内鼻孔接近喉头,将口腔和鼻腔分开。思考:内鼻孔后移对动物的生活有何意义?喉门位于舌基部的喉头上,将舌拉出即可看到。喉门通向气管。气管较长,由气管软骨环支持。喉头软骨的发生与两栖类相同,由第三鳃弓演化。气管后端分为左、右支气管。气管和支气管的分化始于爬行类,分别通入一对肺脏。肺为长形囊状,位于胸腹腔两侧。剪开肺壁,可见内壁上有蜂窝状小隔,形成复杂的网状结构,与空气的接触面增大,较两栖类的肺复杂。参看蟒蛇肺的示例标本。

2. 消化系统

石龙子的消化道较两栖类有更多的分化。打开口腔后,仔细观察上下颌,可见到圆锥状细齿,为侧生同型齿。肉质舌长而扁,前端微缺。舌后为宽大的咽,为食道入口。食道后依次为胃、小肠、大肠。小肠分化为十二指肠和回肠。大肠粗大,与小肠交界清楚。大肠起始部有一个凸向左侧的结构,此为盲肠。思考:以前各纲中有无盲肠的出现?盲肠后为直肠。直肠通泄殖腔,以泄殖腔孔通体外。

对照图 8-8 辨认肝脏、胰脏、胆囊等结构。胃的背侧有一个暗红色卵圆形小体,此为脾脏。

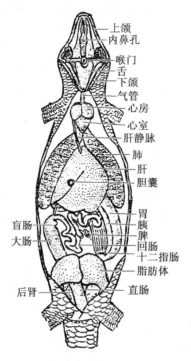

图 8-8　石龙子的消化系统和呼吸系统

【作业】

1. 绘鲨鱼消化系统简图,注明各部分名称。
2. 绘石龙子呼吸系统简图,注明各部分名称。

【思考题】

1. 比较鲨、鲤鱼、蟾蜍和石龙子在消化系统和呼吸系统上的不同,其变化趋势与它们的生活环境和习性有什么关系?
2. 鲨、鲤鱼、蟾蜍和石龙子在消化系统和呼吸系统中第一次出现的结构是什么?有何功能?对其生活和进化有何意义?
3. 鲨、鲤鱼、蟾蜍和石龙子的体腔各分为几部分?

实验9 消化系统和呼吸系统的比较——鸡、兔、大鼠和小鼠

【目的要求】

了解各纲代表动物消化系统和呼吸系统的形态结构,掌握它们逐渐分化、完善的进化过程及对环境的适应;掌握解剖器的使用,熟练解剖技术。

【材料】

已处死和去羽的家鸡,活的或已处死的家兔或小鼠。

【用具】

解剖器,解剖盘,骨剪,探针,玻璃吹管。

【示例】

鸡的内脏,鸽的气囊,幼鸽排泄系统示腔上囊结构,鸽动脉系统;兔、大鼠和小鼠的内脏;鸡和兔的整体骨骼。

【解剖与观察】

一、家鸡

从鸡泄殖腔孔前缘向前侧纵向剪开腹壁,并用骨剪沿龙骨右侧将胸骨、肋骨及肩带剪断,注意将刀尖稍向上挑,不要伤及内脏及气囊。用同样方法剪断左侧有关骨片。揭起胸骨,并将其去掉。观察内脏原位,暂不要移动内脏。

揭起胸骨后,腹表面可见一围心腔。从围心腔两侧各有一膜状隔向后侧方延伸,并与体壁相遇,此为鸡的斜隔,将体腔分为胸腔和腹腔。思考:鸟类的体腔共分为几腔?

1. 呼吸系统

鸡的呼吸系统(图 9-1,9-2)由呼吸道和肺组成,气囊与肺相连。鸟类的气囊极发达。剪开

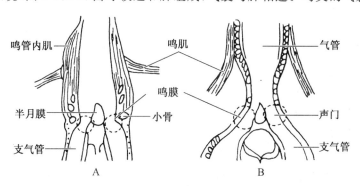

图 9-1 鸟类的鸣管纵切面

A. 金丝鸟;B. 鸡

两侧嘴角,打开口腔。口腔顶部是一对硬腭褶,中央有一纵行裂缝,内鼻孔开口于此隆中。后部有一排乳头状突起,是口腔与咽的分界,咽底壁后方为喉。将舌拉出,舌后方有一呈纵裂孔状的喉门,由此通入气管。气管位于颈部腹面皮肤下方,是一条长圆柱形管,由许多骨化不完全的完整软骨环组成。气管分成左右两支,支气管连接到肺,气管与支气管交界处有一膨大的腔,为鸣管。支气管起始处外侧内壁上各有一片鸣膜,是鸟类的发声器官。鸣膜前侧缘各有一条红色的细长圆柱形肌肉,为鸣肌,起于第一肋骨内缘,止于气管基部。鸣禽还有鸣管内肌,它们的收缩调节鸣膜的紧张程度,使鸣声改变。

从喉门插入玻璃吹管向里吹气,可见到腹壁内侧的薄壁的囊被吹起,此为气囊,囊壁极薄而透明,常被误认为是腹膜或系膜而被撕破或摘去。观察鸽的气囊标本(气囊因注入黄色胶而显黄色)。气囊是肺壁突出的薄膜囊,嵌在脏器之间及脏器与腹壁之间,共 4 对半,分辨它们并知道其名称。思考:气囊有什么功用?鸟的肺脏紧贴胸腔背部,左右各一个,为红色海绵状。内部是一个由各级支气管形成的彼此吻合相通的密网状管道系统。弄清鸟类的呼吸动作和空气在体内行进的路线。

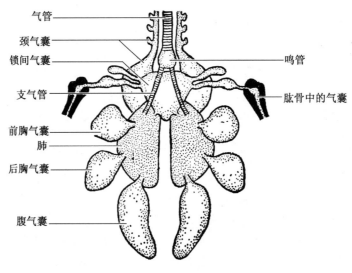

图 9-2 鸟气囊模式图
(仿丁汉波,1982)

围心腔前缘有一白色粗大的血管自心脏发出,并向右弯向背侧,为右体动脉弓。在它的基部发出 2 条无名动脉,每支无名动脉又分为 3 支:流向头部的颈总动脉、流向前肢的锁骨下动脉和流向胸肌的胸动脉。参见鸽动脉系统标本,勿伤及这些血管。

胸腺是鸟类重要的免疫器官,是一对长索状腺体,位于气管两侧,延伸达颈部全长。将颈部皮肤向两侧拉开寻找。幼鸟中索状胸腺明显,浅红色,以后分为若干叶,成体中则由前向后退化,有时可在颈后端发现一对或一个。

甲状腺、甲状旁腺和后鳃腺均为内分泌腺,位置彼此靠近。在左右颈总动脉发出处外侧稍前方有一对深红色卵圆形腺体,为甲状腺。紧靠其后缘处,经仔细剥离结缔组织可找到淡红色、体积小的甲状旁腺。甲状旁腺稍后方,紧靠颈总动脉发出处可发现深红色小米粒般大小的后鳃体。

2. 消化系统

鸡的消化系统系于图 9-3 中。鸟的消化道分化为喙、口腔、咽、食道、嗉囊、腺胃、肌胃、小肠、大肠和泄殖腔。口腔内无齿,口腔底部有能动的舌,舌呈三角形,尖端朝前,外被角质层。咽后为食道,口腔和咽的黏膜上有许多唾液腺,分泌物可湿润食物。

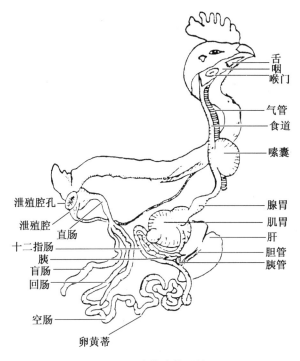

图 9-3 鸡的消化系统

食道位于气管背面,在进入胸腔之前食道膨大形成嗉囊,可在胸骨前方的皮肤下方找到。嗉囊后仍接食道。食道下部接腺胃和肌胃。腺胃纺锤形,分泌大量消化液。肌胃大,有很厚的肌肉质壁,胃内壁有很厚的角质层,是进行机械性消化的地方。在腹腔前缘有左、右两大叶肝脏,胆囊稍长,位于两叶肝脏之间(鸽无胆囊)。在腺胃和肌胃交界处背侧有一个红褐色卵圆形器官,为脾脏。小肠紧接肌胃,已分化为十二指肠、空肠、回肠。十二指肠从肌胃末端开始,折叠成"U"形弯曲。胰脏色较淡,位于这一"U"形弯曲中的肠系膜上。从胆囊发出的两根胆管和从胰脏来的 2~3 根胰管开口在十二指肠末端。空肠和回肠的交界由回盲系膜来判断。小肠后接大肠。大肠分化为盲肠和直肠。盲肠一对,为大肠前端向外突出的盲管,其发出处为大、小肠间的分界。盲肠发出后沿回肠前伸,并有回盲系膜连接回肠和盲肠。回盲系膜前缘处为回肠与空肠交界。鸽的盲肠较短。盲肠后接粗而短的直肠。

直肠末端膨大部分为泄殖腔。幼鸟泄殖腔背壁上有一个白色隆起,为腔上囊,是重要的免疫器官,成体中退化。观察幼鸽的腔上囊。泄殖腔以泄殖腔孔通体外。

二、家兔

如所用的材料为活家兔,则按实验 7 的方法将兔处死并剥皮,以备解剖观察。

1. 消化系统

兔的消化道分为口、口腔、咽、食道、胃、小肠、大肠、肛门。消化腺包括唾液腺、肝脏、胰脏。

（1）唾液腺

兔具有 4 对唾液腺（图 9-4,9-5）。唾液中含有消化酶。

耳下腺（腮腺）：位于耳壳基部腹前方，为形状不规则的淡红色腺体。其导管向前越过咬肌表面而穿入上唇，开口在上颌第二前臼齿的部位。注意区别耳下腺和周围结缔组织。

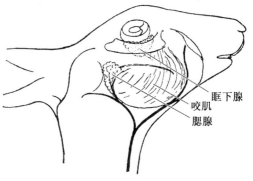

图 9-4　兔的腮腺及眶下腺
(仿杨安峰,1979)

颌下腺：位于下颌腹面两侧，是一对硬实的卵圆形深红色腺体。将下颌腹面结缔组织剥离拉开即可看见。其导管延伸向前，在舌下部连接下颌骨联合缝处开口入口腔。

舌下腺：位于接近下颌骨联合缝处。将下颌骨联合缝用解剖刀柄撬开，用解剖镊提起颌下腺，找到它的透明有一定韧性的导管，追踪此导管。导管伸向二腹肌背面，将二腹肌肌腹剪断，随导管进入舌部，用解剖刀或镊以与舌肌纤维垂直的方向在导管进入处切断部分舌肌，再提起导管时可看到它连着一个色较淡的小而扁长形腺体，即为舌下腺。其导管开口于舌下部。

眶下腺：位于眼窝底部前角，粉红色，形状不规则。用解剖镊伸进眼窝底部前角，可将此腺拉出。眼窝底部有较大的白色哈氏腺，眼窝后壁有淡红色泪腺，均具湿润眼球的功能。注意三者不要混淆。眶下腺导管穿过面颊开口在上颌第三臼齿的部位。哺乳动物一般不具有此腺。

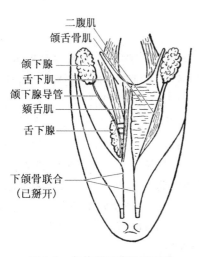

图 9-5　兔的颌下腺及舌下腺
(仿杨安峰,1979)

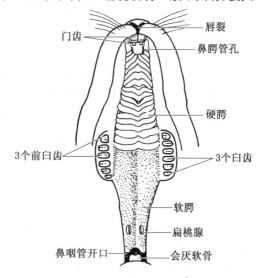

图 9-6　兔的口腔顶部
(仿杨安峰,1979)

（2）口腔及咽

用解剖刀沿口角割开，将咬肌等咀嚼肌切断，用力将下颌拉下，使口张开。观察其口腔及咽和口腔内牙齿(参阅图 9-6)。兔具门齿、前臼齿和臼齿，无犬齿。上门齿发达，有 2 对，第二对较小，位于第一对的后部。齿式为(2.0.3.3/1.0.2.3)×2=28。

观察口腔顶部。前部为硬腭,其上黏膜形成腭褶。后部为肌肉质软腭,二者界限可用手摸出。软腭将内鼻孔进一步后移,开口在鼻咽管的开口,使呼吸道和消化道完全分开。比较兔头骨上的内鼻孔位置和鼻咽管开口。软腭后端游离缘的稍前方有一对扁桃体窝,窝内为腭扁桃体。口腔后部为咽部。沿软腭背中线向前剪开至硬腭位置,可见鼻咽管,管前方为一对内鼻孔。鼻咽管两侧壁上可见一对斜裂缝,为耳咽管(或欧氏管)开口,此管沟通咽和中耳腔。空气经外鼻孔、内鼻孔、咽、喉门,然后入气管。喉门外盖有一个三角形软骨小骨片,为会厌软骨。食物经过咽部时会厌软骨盖住喉门,迫使食物进入喉门背面的食道,形成咽交叉。

(3) 消化管和消化腺

将兔腹部朝上,用解剖剪从泄殖孔稍前方开始沿腹中线向前剪开腹壁,直达胸骨剑突处。在胸腔后缘再向两侧剪开腹壁,以打开腹腔(注意解剖剪不要插入过深)。首先观察内脏各器官的自然位置(参阅图 9-7),由前向后,辨认横位的肝、胃、盘旋的小肠、粗大的盲肠以及具深褶皱的结肠。将肝和胃向后推可见到横膈。横膈呈圆顶状把腹腔和胸腔隔开,为哺乳类所特有。横膈中央为结缔组织构成的圆形腱,为中央腱,其他部分为膈肌。膈肌起于肋骨、胸骨和脊椎骨,止于中央腱。在距胸骨中线 1.5 cm 左右的两侧处,从胸骨剑突起向前剪断肋骨,直到第一肋骨处,轻轻掀起胸骨,注意其下有一纵形薄膜,为中隔障,将胸腔分为两部分。围心腔和横膈之间还有一腔,为中隔障腔,中有一小叶肺。将中隔障膜割断,继续掀起胸骨,可见到围心腔,由围心膜包围心脏而成。思考:哺乳动物的体腔分为几部分?围心腔腹侧上方覆有粉红色腺体,为胸腺,其大小随年龄增长而变小。

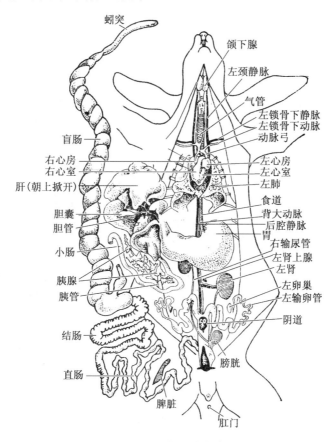

图 9-7 雌兔的内脏

(仿杨安峰,1979)

食道位于气管背面,由咽部下行穿过横膈与胃相连。胃与食道交界处为贲门,后端以幽门与十二指肠相接。胃前缘较小的弯曲为胃小弯,其后缘较大的弯曲为胃大弯。胃大弯左侧有一长形暗红色腺体为脾脏。胃上盖有一袋状膜,称大网膜。因哺乳类的胃扭转,胃系膜相应延长、折叠而形成囊状覆于胃体之上,此结构即为大网膜。兔的大网膜不发达,较短,覆于胃大弯之上。猪、狗的大网膜较明显,沿胃大弯下垂,覆盖于小肠上,贮满脂肪。胃接小肠,小肠分化为十二指肠、空肠、回肠。十二指肠接胃。先向后行(降支),复折向前(升支),而呈"U"形弯曲。不要过早拉开十二指肠襻。在十二指肠弯曲的肠系膜上有分散不规则的胰脏,以一胰管开口于十二指肠,胰管开口的位置在距十二指肠升支开始处 5~7 cm 处。十二指肠升支后接空肠,位于腹腔左侧,形成很多弯曲,空肠肠壁较厚且富含血管,使肠管色较淡,略呈淡红色。回肠接空肠,较空肠短,以回盲系膜与盲肠相连,一直连到蚓突末端。回盲系膜可作为回肠与空肠的交界标志。新鲜材料中的回肠壁较薄,颜色较深,管径较细,肠壁上分布血管较少。比较回肠与空肠。小肠壁上分布有多个集合淋巴结。

大肠包括盲肠、结肠和直肠。盲肠为一粗大的盲囊,注意在观察时切勿将盲肠壁弄破。回肠与盲肠相接处形成一厚壁的圆小囊,为淋巴组织。回盲瓣口周缘的盲肠壁上有两块明显的淋巴组织,分别为大、小盲肠扁桃体。盲肠游离缘变细,为蚓突。

结肠的特征是肠壁膨起形成一系列结肠膨袋,以增加结肠表面积。结肠后为直肠,直肠末端开口为肛门。思考:直肠有什么特征?与结肠如何区别?

肝脏在腹腔前部,是全身最大的腺体,分为 6 叶:左中叶、左外叶、右中叶、右外叶、尾状叶和方形叶。尾状叶最小,左外叶和右中叶最大。右中叶背面有一长形暗绿色胆囊,以胆总管开口于紧接幽门处的十二指肠。

2. 呼吸系统

空气经外鼻孔进入鼻腔,再经内鼻孔、咽、喉门和气管、支气管进入肺脏(参阅图 9-6,9-8)。

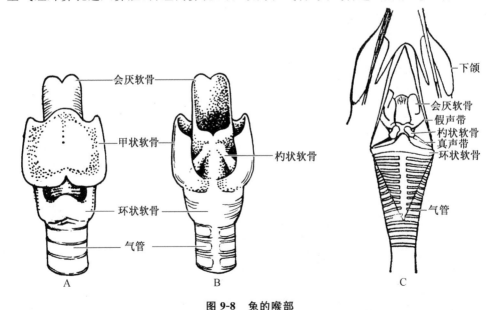

图 9-8 兔的喉部

A. 腹侧面;B. 背侧面;C. 喉腔内部(已纵剖开)

(仿杨安峰,1979)

剪断气管上部，取下喉头观察。腹面有一块很大的盾形软骨，为甲状软骨，其后方有一环形的软骨围绕喉部，为环状软骨，沿喉头背面正中线纵剖开，在环状软骨前方、甲状软骨背侧有一对三棱形小软骨，为杓状软骨。甲状软骨与鱼类第二对鳃弓同源，其余喉头软骨由第三对鳃弓演化。会厌软骨在观察口腔和咽时已见到，它的基部附着在甲状软骨腹侧内面。环状软骨与甲状软骨之间为喉腔，喉腔入口为喉门，会厌软骨正位于喉门上方。喉腔内侧壁的前、后部各有一小对膜状褶，前面一对为假声带，不能发音，后面一对为真声带。气管上有软骨环，它们在背面不衔接。

环状软骨后端的气管两侧紧贴着一对甲状腺（图9-7）。左、右两侧叶之间有峡部相连于腹面，暗红色，注意不要与周围的红色肌肉混淆。一对甲状旁腺位于甲状腺后部两侧，靠近颈总动脉处，卵圆形，黄褐色，小米粒大小。

气管通入胸腔后分成左、右支气管，通入肺脏。肺呈海绵状，左肺2叶，右肺4叶，其中一小叶右肺插入中隔障腔内。肺由复杂的支气管树和细支气管末端的肺泡组成。

三、大鼠

1. 消化系统

大鼠具有三对大唾液腺（小唾液腺略），为腮腺、颌下腺和舌下腺。缺少眶下腺。

大鼠的肝脏分为左外叶、左中叶、中叶、右叶、尾状叶和乳头状叶等6叶。无胆囊。胆总管（全长被胰组织包围）开口在距离幽门远端1~3 cm处的十二指肠上。胰脏位于胃和十二指肠弯曲处，肉色，分叶多，其胰管数目和路径随个体不同，众多小导管汇合成2条，或5~8条主要导管，在不同位置开口入肝管，或小导管直接开口于十二指肠。盲肠发达。

2. 呼吸系统

大鼠的左肺仅具一叶，右肺明显分为前、中、后3叶和较小的副叶等4叶。

四、小鼠

将小鼠放在密闭瓶内，倒入少许乙醚，数分钟后被麻醉。提起小鼠的尾，放在铁笼表面或粗糙表面，用左手拇指和食指压住小鼠颈部，右手捏住尾部斜向后上方向拉，造成其颈椎脱臼或脊髓断裂而死亡。大鼠的处死也可直接用乙醚麻醉或断颈法。

观察小鼠的消化系统和呼吸系统（图9-9）。

1. 消化系统

(1) 唾液腺

小鼠耳基部一对腮腺，与脂肪组织相似；颈部一对颌下腺，粉色，圆形，较大，在下颌后缘腹中线彼此相接。

(2) 口腔

齿式1.0.0.3/1.0.0.3，门齿尖利。肉质舌。

(3) 消化管和消化腺

剪开小鼠腹部皮肤并将其与下方肌肉分离；剪开腹部肌肉，沿腹中线剪开腹壁至胸骨后方，并沿胸骨两侧剪断肋骨，将胸骨剪去，露出胸腔和腹腔器官。小鼠的食道在气管背面穿过胸腔到达腹腔与胃相连。胃向右侧弯，胃大弯在左后侧。胃大弯外侧有长椭圆形、深紫色的脾脏（为淋巴器官）。

小肠连接胃,分为十二指肠、空肠和回肠。十二指肠"U"形,分降支、横支和升支。肠系膜上有粉红色胰脏,胰管进入十二指肠降支,比邻胆管入口。空肠和回肠较长,没有明显分界,但仔细观察,空肠肠壁颜色较浅,血管丰富,回肠稍粗,肠壁因内容物而较深。

大肠分盲肠、结肠和直肠。盲肠是一个盲管,呈短弯刀形,突出于回肠与结肠之间。结肠不同于兔的结肠,没有明显的膨带,但相对于其他肠段,这段肠较粗,色较深,内有不连续的内容物,是一粒粒粪便的前身。直肠是一段较直的肠管,中间有粒粒粪便。穿过腹腔后部进入骨盆,与肛门连通。

肝脏在横膈后方,深紫色,覆盖在胃的腹面。肝分6叶,左右侧各有3叶。左侧的3叶为中等大小的左腹叶、最大的左中叶和稍向中间位置的左小叶;右侧的3叶为稍大的右腹叶、右中叶和右背叶均较小。左右肝叶之间是梨形胆囊,充满淡黄色胆汁。胆管将胆汁送进十二指肠降支与横支交界处。

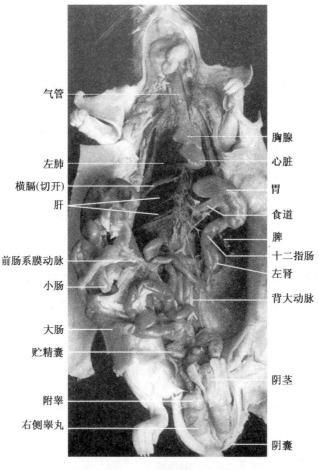

图9-9 小鼠的内脏
(仿Graaff,1994)

2. 呼吸系统

在横膈前方有2个胸腔和1个围心腔,胸腔内有肺脏。肺脏淡红色,在围心腔背面。左侧有一叶肺,右侧分为前、中、后3叶肺,并在靠近中部的位置有一小叶肺(可称副叶)。

【材料处理】

将观察后的鸡、兔或小鼠的消化道除去,用甲醛固定保存。

【作业】

绘兔或小鼠的消化管与消化腺简图,注明各部分名称。

【思考题】

1. 鸟类呼吸系统有哪些适应飞翔的特点?
2. 兔、大鼠或小鼠与石龙子比较,消化系统和呼吸系统出现了哪些新的结构?功能何在?有何意义?
3. 比较各纲代表动物的消化系统和呼吸系统,总结进化发展趋势。
4. 比较各纲动物体腔的分化。
5. 区别下列各组名词:横隔与横膈,硬腭与软腭,腹膜、浆膜与系膜。

实验 10　泄殖系统的比较——鲨、鲤鱼、蟾蜍、石龙子

【目的要求】

了解各纲代表动物泄殖系统的形态结构,掌握排泄、生殖这两个系统由简单到复杂的逐渐完善的进化过程以及它们之间的系统发生联系;进一步熟练解剖技术。

【材料】

鲨、鲤鱼和石龙子的浸制标本,活蟾蜍。

【用具】

解剖器,解剖盘。

【示例】

斜齿鲨泄殖系统(雌雄各一),虎头鲨和孔鳐的卵袋,蟾蜍内脏解剖(雌雄各一),石龙子泄殖系统(雌雄各一),蛇卵,爬行类羊膜卵发育模型。

【解剖与观察】

一、鲨

按照实验8的方法将鲨的胸腹腔打开,将消化道和肝脏的后部移走后进行观察。

1. 雌性

雌鲨的生殖系统与排泄系统(图10-1)完全分开。生殖系统包括一对卵巢,位于胸腹腔前背部(星鲨仅一个卵巢,位于胸腹腔前右侧),以卵巢系膜连于背体壁上,卵巢后都常连接深色的营养器官;一对输卵管(为牟勒氏管,由前肾管纵裂形成),幼体输卵管很细。输卵管不与卵巢直接相连,沿背体壁前伸,绕过肝脏前缘进入镰状韧带,两侧输卵管在此汇合形成一个宽的漏斗状开口,即喇叭口,孔口朝向后方,开口在胸腹腔内。输卵管前段有一个膨大部分为壳腺,在性成熟的个体中壳腺明显。输卵管后部稍膨大为子宫,末端开口在泄殖腔。软骨鱼类均为体内受精。星鲨为假胎生,斜齿鲨为卵胎生,观察卵生的虎头鲨和孔鳐的卵袋。

将鲨鱼背壁的体腔膜揭去,可见到紧贴体壁的一对长形肾脏(发生上为背肾或后位肾,位于体腔的中部和后部,是无羊膜类成体的肾脏)。肾脏前部较窄,后部较粗大,输尿管(即吴氏管)位于肾脏腹面内侧,专司输尿。雌性吴氏管细而不易分辨。吴氏管末端稍膨大形成尿囊,开口于尿乳头,最后通入泄殖腔。

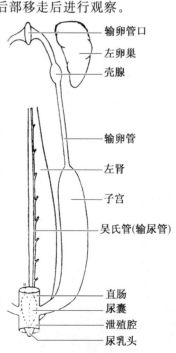

图 10-1　雌鲨泄殖系统

2. 雄性

雄鲨生殖系统与排泄系统(图 10-2)联系密切。一对精巢,位于胸腹腔前背部,由精巢系膜连在背体壁上。星鲨精巢为圆柱形,色淡;斜齿鲨精巢深灰色,前端稍细。精巢后部有时连接深色营养器官。从精巢发出数条输出精管,从精巢系膜穿过进入肾脏前部吴氏管,展开精巢系膜即可见到输出精管。揭开背体腔膜暴露出肾脏。在成熟的个体中肾脏腹面的吴氏管十分发达,用于输精,前端紧密盘旋在肾脏前部,后端膨大成贮精囊。在它的后部还可见到一对长形薄壁的盲囊,即精子囊,是残余的牟勒氏管。两囊在后端汇合。提起吴氏管,其背面为肾脏,因吴氏管的膨大而在肾脏腹面形成很深的凹印。肾脏前部已失去泌尿功能,后部发出数条细的副肾管专作输尿之用,位于肾脏内侧,细而发白,标本中不易见到。副肾管后端与输精管道汇合共同以泄殖乳头开口于泄殖腔。将解剖剪伸进泄殖腔孔,从腹壁剪开泄殖腔直至直肠部分。泄殖腔内壁光滑,其背壁有一个突出的泄殖乳头,在雄性为尿乳头。用解剖刀从乳头开端向前切开这一结构,可见到泄殖窦,贮精囊、精子囊和副肾管均开口于此;精子囊和副肾管常难于观察到。

观察时对照示例标本和插图(图 8-1 和图 10-2)。大家相互交换雌雄个体标本进行观察。

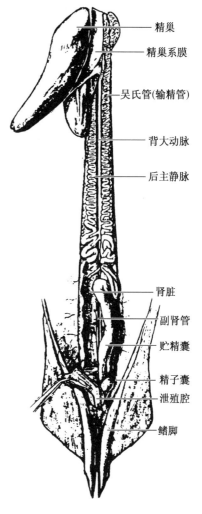

图 10-2 雄鲨泄殖系统

二、鲤鱼

鲤鱼的泄殖系统示于图 10-3 中。

1. 排泄系统

一对肾脏紧贴在胸腹腔背面,呈深红色长条形,在鳔的前后室之间处肾脏扩大。每一肾的前端称头肾,是一种淋巴腺体。两肾各有一输尿管,沿胸腹腔背壁向后走行,将近末端处汇合通入膀胱,最后开口于肛门后方的泄殖孔。

2. 生殖系统

雌鱼有一对卵巢,位于鳔的腹面,呈长柱形,卵巢末端以短的输卵管开口于体外。注意输卵管与卵巢直接相连,这一点与其他各纲皆不相同。卵巢内含有大量卵子,这与硬骨鱼体外受精有关。雄鱼有一对精巢,也位于鳔的腹面,色白,俗称鱼白,呈长形分叶状,末端以输精管向外开口。

A. 实验部分

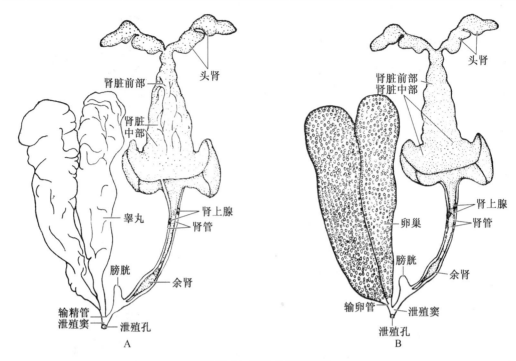

图 10-3　鲤鱼的泄殖系统
A. 雄性；B. 雌性　（仿丁汉波，1982）

三、蟾蜍

1. 排泄系统

打开胸腹腔后，将消化道中段剪去进行观察（图 10-4，10-5）。排泄器官为一对肾脏（属背肾或后位肾），是长条形暗红色器官，其内侧缘呈分叶状，位于体腔后部、脊柱两侧。肾脏外侧缘稍后部附着一条薄壁的灰色管，此即吴氏管。在雄性，吴氏管输尿兼输精，雌性为输尿管。膀胱为一薄壁囊状器官，形状似两叶，位于体腔后腹部，由泄殖腔壁突出而形成，属泄殖腔膀胱。思考：蟾蜍的尿是如何储存和排出体外的？肾脏腹面中央有一条纵向的黄色带状腺体，为肾上腺。

2. 生殖系统

（1）雌性

雌性的一对卵巢呈不规则囊状，由卵巢系膜悬于背体壁上（图 10-4）。在春季的生殖季节，卵巢充满黑色卵子而胀大；其他季节则缩小，内部充满未成熟的卵泡和液体。卵巢观察完后可将大部分充满卵子的卵巢剪去，以便继续观察。输卵管为一对白色迂回盘旋的管道（即牟勒氏管，由中肾外侧腹部浆膜内陷包卷形成），位于体腔两侧，不与卵巢直接相接。前端一直延伸到肺的基部，以喇叭口开口于此处。喇叭口呈宽漏斗状。输卵管向后逐渐膨大成子宫。子宫末端开口在泄殖腔。卵巢前端附着黄色指状突起，为脂肪体。脂肪体的大小随季节变化，生殖季节最小。

（2）雄性

雄性的一对长圆柱形精巢，由睾丸系膜连于背体壁，淡黄色，有时为灰黑色或有深色斑块，位于肾脏内侧（图 10-5）。精巢前端也附着有脂肪体。在精巢和脂肪体之间，有一粉红色扁平卵圆形小体,为毕氏器,可视为退化的卵巢,与雄蟾的性逆转有关,在一定条件下可转化为有产卵功能的卵巢。精巢发出许多细小的输出精管进入肾脏前端,连接吴氏管,借吴氏管排出精子,无单独输精管道。体外受精。吴氏管进入泄殖腔前膨大成贮精囊。雄性在体腔两侧仍保留退化的白色输卵管,清楚而易于看到。

从泄殖腔孔打开泄殖腔,可见到直肠、吴氏管和膀胱的开口。

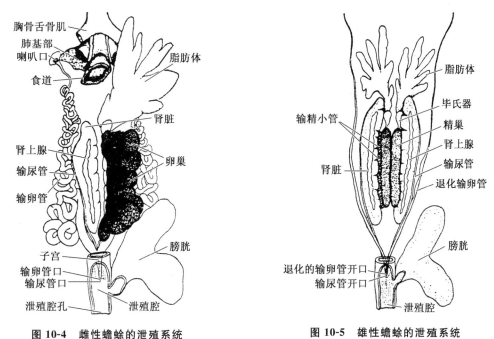

图 10-4 雌性蟾蜍的泄殖系统　　　　图 10-5 雄性蟾蜍的泄殖系统

四、石龙子

剪开石龙子的腹壁和腰带,将体腔后部的一对黄色脂肪体除去,并将食道后段和直肠前段之间的消化道剪去,然后进行观察(参看图 10-6,8-8)。

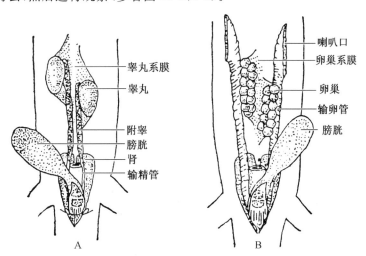

图 10-6 蜥蜴的泄殖系统
A. 雄性;B. 雌性

1. 排泄系统

排泄器官为一对后肾(羊膜类成体的肾脏),褐色,位于腰带和脂肪体的背面,正好在后肢基部的水平上。每一个肾脏有一条输尿管(为后肾管)通泄殖腔,与生殖系统无联系。膀胱为一大而薄壁的囊,位于直肠腹面,开口于泄殖腔,属尿囊膀胱。

2. 生殖系统

(1) 雄性

雄性有一对睾丸,色淡,卵圆形,位于体腔中部。注意:不要混淆睾丸与肾脏,要从位置和颜色上加以区别。输精管(即中肾管或吴氏管)由睾丸盘旋而下,开口于泄殖腔背面。雄性具交配器。从泄殖腔孔处用解剖剪剪开其腹壁,可见到一对囊状半阴茎缩在腔内,是由泄殖腔后壁向腔内突出形成,交配时内面向外翻出体外。

(2) 雌性

雌性有卵巢一对,位于肾脏前方的体腔背壁两则。一对输卵管(牟勒氏管,发生上同蟾蜍)位于体腔两侧,前端的喇叭口开口于肺脏后部的体腔中,后端通向泄殖腔。

(3) 羊膜卵

爬行类开始出现羊膜卵(图10-7),使爬行类完全摆脱水环境的束缚,而成为完全陆生的动物。观察羊膜卵模型,辨认三层重要胚膜,即羊膜、尿囊膜和绒毛膜的位置、结构、功能和相互关系,理解它们的形成过程。

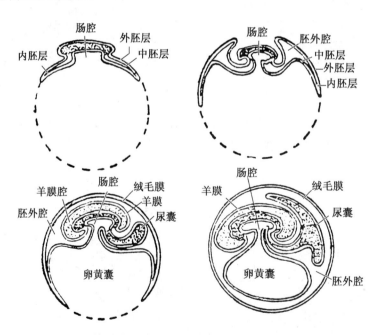

图 10-7 羊膜动物胚胎发育的各阶段

【作业】

1. 绘鲨鱼雄、雌性泄殖系统简图,注明各部分名称。
2. 绘发育后期羊膜卵简图,注明各部分名称。

【思考题】

1. 比较鲨、鲤鱼、蟾蜍、石龙子的泄殖系统的结构。说明这一系统的演化趋势，以及排泄系统和生殖系统之间有什么密切的联系。
2. 鲨、鲤鱼、蟾蜍和石龙子各自通过什么途径分别把生殖细胞和废物排出体外？
3. 比较鲨、鲤鱼、蟾蜍和石龙子的生殖方式。
4. 羊膜卵的出现对脊椎动物的进化有何意义？

实验11　泄殖系统的比较——鸡、兔、大鼠和小鼠

【目的要求】

了解各纲代表动物泄殖系统的形态结构,掌握排泄、生殖这两个系统由简单到复杂的逐渐完善的进化过程以及它们之间的系统发生联系;进一步熟练解剖技术。

【材料】

家鸡、家兔或小鼠的浸制标本或新鲜材料。

【用具】

解剖器,解剖盘。

【示例】

鸡泄殖系统(雌、雄),幼鸽泄殖系统(雄性),雄鸭阴茎,家兔、大鼠或小鼠泄殖系统(雌、雄)。

【解剖与观察】

一、家鸡

1. 排泄系统

按实验9的方法将鸡的腹腔打开,剪去大部分消化器官后进行观察(参考图11-1)。排泄系统包括成对的肾脏(后肾)和输尿管(后肾管),肾脏暗褐色,长扁形,分为前、中、后3叶,体积很大,位于综荐骨腹面两侧的深窝内。输尿管由肾脏腹内侧发出向后行,为灰白色,开口在泄殖腔中部背壁上。排泄物为尿酸,无膀胱。思考:上述哪些特点与飞翔生活相适应?

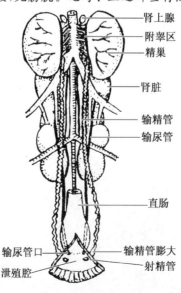

图11-1　雄鸡泄殖系统

肾脏前叶的前内侧有一对黄褐色小腺体，形状不大规则，此为肾上腺。公鸡的肾上腺与附睾相连，母鸡的左肾上腺与卵巢相连。

2. 生殖系统

(1) 雄性

雄性具一对淡黄色卵圆形睾丸，位于肾脏前方（参阅图 11-1）。体积大小随季节变化，生殖季节增大。附睾位于睾丸内侧中部，在生殖季节也增大。输精管沿输尿管外侧向后延伸，多有弯曲，后端通入泄殖腔后外侧壁。用解剖剪沿泄殖腔孔向前剪开泄殖腔，用水冲净，观察排泄、生殖管道和直肠在泄殖腔的开口。无交配器官。

雄鸭具交配器，观察雄鸭的阴茎，为泄殖腔腹壁的突起，呈螺旋状。

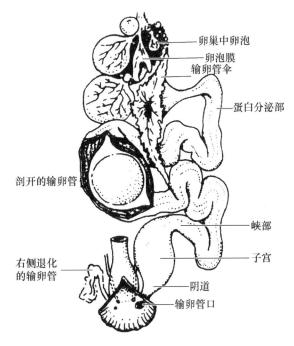

图 11-2 雌鸡生殖系统

(2) 雌性

雌性为生殖器官仅包括左卵巢和左输卵管，右卵巢退化，右输卵管退化成一白色短管，连在泄殖腔右侧壁（参阅图 11-2）。左卵巢位于左肾前方。未成熟的卵巢很小，形状不规则，成熟的卵巢因卵细胞突出而呈葡萄串状。输卵管分为5部分，自前向后为输卵管伞、蛋白分泌部、峡部、子宫和阴道。输卵管伞为漏斗状，位于卵巢侧旁。蛋白分泌部最长，壁较厚，黏膜形成纵褶。峡部是蛋白分泌部和子宫之间较狭窄的部分。子宫是输卵管的扩大部分，常见到其中有具硬壳的卵。阴道是输卵管的终端，开口在泄殖腔左侧壁。

二、家兔

1. 排泄系统

打开家兔的腹腔，移去腹腔内的消化道，可见腰部脊柱两侧的一对深红色肾脏（后肾），右肾靠前，左肾靠后。肾内侧凹陷为肾门，是肾动脉、肾静脉、输尿管、淋巴管及神经出入的门户。

取下一个肾脏，用解剖刀纵剖开来进行观察。外层为皮质，红褐色，肉眼观察呈颗粒状，由许多肾小体组成；内层为髓质，色稍淡，有放射状纹线，由肾小管和集合管组成。髓质部形成一个乳斗状的肾乳头，其上有许多小孔，开口于周围的肾盂。肾盂呈漏斗状，是输尿管起始部。输尿管向后斜行，开口于膀胱基部背侧。

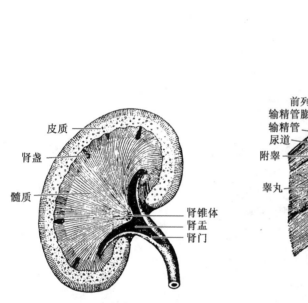

图 11-3　兔肾的纵剖面
（仿杨安峰，1979）

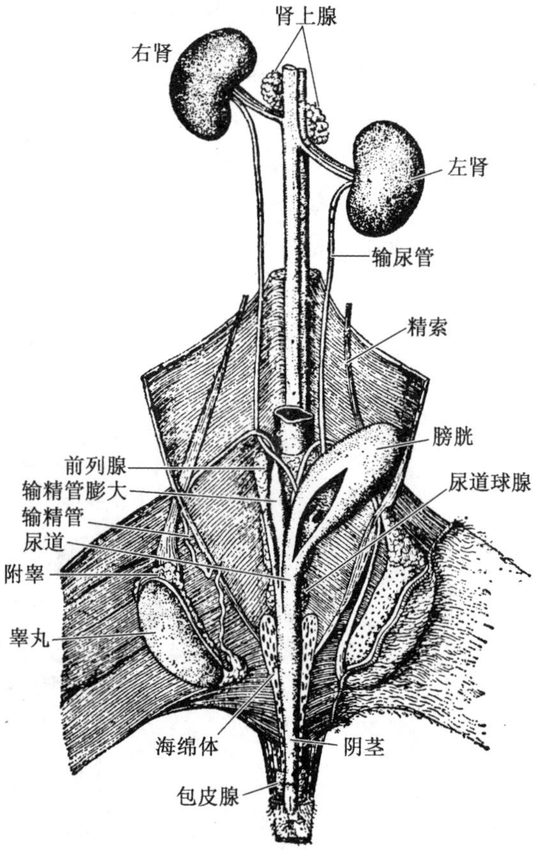

图 11-4　雄兔泄殖系统腹面观
（仿杨安峰，1979）

膀胱是一个梨形肌肉质囊，顶部圆形，后部缩小通入尿道。雌性尿道仅排尿液，开口于阴道前庭，以泄殖孔通体外；雄性尿道长，兼作输精之用，开口于阴茎头。

两肾的内前方各有一个黄白色、扁平三角形的小体，为肾上腺。

2. 生殖系统

(1) 雄性

雄性生殖系统（图 11-4,11-5）有一对睾丸，为白色卵圆形，在生殖期位于体外阴囊内，偶尔会缩回到腹腔内。睾丸前端有呈索状的粉白色精索，其内包括生殖动脉、生殖静脉和神经，由腰部背正中部斜向后部延伸，穿过鼠蹊管（腹股沟管）与睾丸相连。提起精索向前拉，将睾丸从阴囊拉入腹腔观察。

每一睾丸侧面有一带状隆起，为附睾，分为附睾头、附睾体和附睾尾。附睾头在睾丸前端，与睾丸的输出管相连。前方与精索相连。附睾体沿睾丸内侧面走行，附睾尾在睾丸后端，输精管由此引出。输精管经腹股沟管上升入腹腔，沿输尿管腹侧延伸，至膀胱背侧转而后行。末端增粗形成输精管膨大，在精囊腹侧壁开口于尿道，并沿阴茎而达体外。

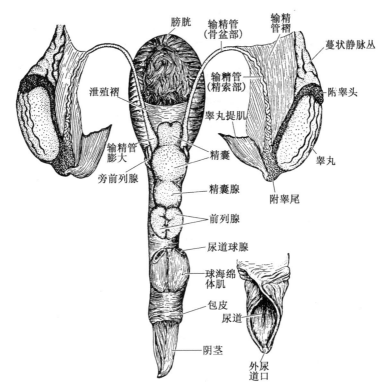

图 11-5 雄兔生殖系统背面观
（仿杨安峰，1979）

将骨盆腹面耻骨合缝用解剖刀切开，用两手用力向两侧掰开左右大腿，使开口增大。用解剖镊将膀胱和尿道翻转，使背面向上以便观察副性腺。副性腺包括精囊和精囊腺、前列腺和尿道球腺。精囊和精囊腺位于膀胱基部和输精管膨大部的背面，为扁平囊状腺体。靠前面部分为精囊，前端游离缘分为 2 叶。前列腺位于精囊腺后方，为半球状腺体，中间有结缔组织形成中隔，将腺体分为左右两部。尿道球腺分为 2 叶，位于前列腺后方，腺体表面被球海绵体肌所覆盖。

（2）雌性

雌性生殖系统（图 11-6）有一对卵巢，呈淡红色，长椭圆形，位于肾脏后方，以卵巢系膜悬于第五腰椎横突附近体壁上，腺体较小，要仔细观察。卵巢表面有透明小圆泡突出，为成熟卵泡。输卵管为曲折的细管，前端以喇叭口开口在卵巢附近。输卵管下端膨大为子宫。左右子宫在下端会合为阴道。在成年雌兔体内，有时可见到在每侧子宫内有 3～4 个肉球状胚胎。阴道向后延续为前庭，膀胱即开口在它的腹面，前庭以泄殖孔开口体外。泄殖孔腹缘有一小突起为

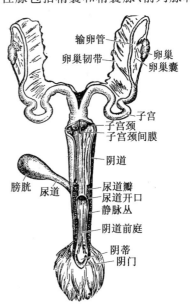

图 11-6 雌兔生殖系统背侧面
（仿杨安峰，1979）

阴蒂,外围以不大的阴唇。

家兔的胎盘为盘状胎盘(图 11-7)。思考：胎盘由哪几部分共同形成？

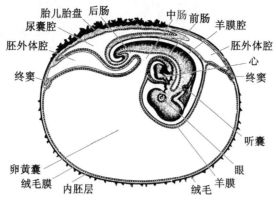

图 11-7　哺乳动物的盘状胎盘

(仿杨安峰,1979)

三、大鼠

1. 排泄系统

大鼠排泄系统类似家兔和小鼠。

2. 生殖系统

(1) 雄性

雄性大鼠副性腺发达(图 11-8),包括精囊、凝固腺、前列腺和尿道球腺。精囊为成对的大腺体,表面有横褶,前部呈钩状弯向后方。其内侧凹面附有一对长形凝固腺,射精时凝固腺分

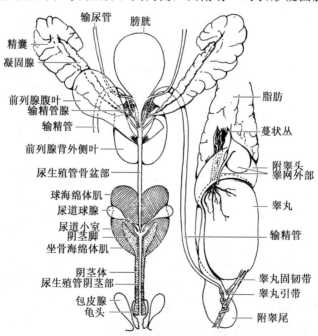

图 11-8　雄性大鼠生殖系统

(仿杨安峰,1985)

泌物最后排出,可在雌性阴道中凝固形成阴道栓,以防精液外流。前列腺发达,分为膀胱腹面外侧的一对腹叶以及尿道近端背面的背外侧叶。尿道球腺位于直肠两侧,埋在坐骨海绵体肌和球海绵体肌之间。阴茎外侧皮下脂肪组织中有一对包皮腺。大鼠阴茎的中心有阴茎骨。

(2) 雌性

雌性大鼠左侧卵巢较右侧卵巢稍靠后(图11-9)。输卵管弯曲形成10～12个环样回曲,前端以喇叭口在离卵巢很近处开口于体腔,另一端膨大为子宫。大鼠也为双子宫,2个子宫分别以2个子宫颈独立地开口于阴道。阴道口呈裂缝状开口于尿道口后方,即阴门。

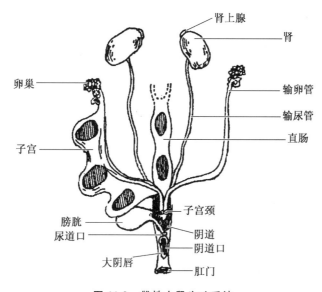

图 11-9 雌性大鼠生殖系统

四、小鼠

1. 排泄系统

在小鼠腹腔中部背面有一对肾脏,左肾比右肾稍低。肾脏前方有一个浅黄色的肾上腺。肾脏内侧发出输尿管沿肾脏下行进入膀胱。膀胱在腹腔下部,肌肉质,开口于尿道。

2. 生殖系统

处死后观察小鼠外生殖器。雄性的阴茎末端有一个孔为泄殖孔,在尾基部有一个孔为肛门,此二孔与外界相通。肛门前缘有松弛折叠的皮肤囊,这是雄鼠的阴囊,在生殖季节一对睾丸会下降到体外进入阴囊。雌性在后腹部有3个孔与外界相通,从前向后为:尿道口,在尿乳头的末端;阴道口,为半圆形围在尿乳头后方;最后为肛门。成熟个体腹部有5对乳头,前3对在胸部两侧,最前的一对与前肢在同一水平,后2对较大,在尿乳头前方两侧。有的个体乳头可延伸到颈部。

(1) 雄性

雄性生殖系统(参阅图11-8)包括睾丸、附睾、输精管、尿道和副性腺。一对睾丸,卵圆形,位于下腹部。每个睾丸前方有圆形的附睾头,并附有大块脂肪组织;附睾头连接细长的附睾体,在睾丸内侧下行到睾丸后方膨大成圆形附睾尾,并延伸为细长的输精管,开口于尿道。睾丸平时位于腹腔,生殖季节降到体外阴囊内。副性腺包括精囊、凝固腺、前列腺和尿道球腺。

一对精囊乳白色,长条分瓣状,末端稍尖并弯向内侧。其内侧附着较短小的半月形半透明凝固腺。将小鼠骨盆的耻骨剪开,暴露出尿道的背面,可见在精囊后部尿道前端有前列腺,包括尿道背面的背叶和膀胱基部尿道腹侧的腹叶。一对乳白色尿道球腺,在尿道较下部尿道球的背上方。在阴茎基部两侧的腹壁皮下有一对较大的包皮腺,扁圆形,开口于包皮内侧。

(2) 雌性

雌性生殖系统(图 11-10)包括卵巢、输卵管、子宫和阴道。一对卵圆形卵巢,位于腹腔背面,肾脏后方,在卷曲缠绕的输卵管稍前方,卵巢靠近表面处可见到半透明发育卵泡。输卵管细长,卷曲成小球。其前端有喇叭口开口于卵巢附近,并通腹腔;其后为扩粗而膨大的一对双角子宫,子宫后端会合于子宫颈通入阴道,最终开口于阴道口。阴道口腹面前方有一个隆起,为阴蒂,其左右有一对阴蒂腺开口于此,与雄鼠的包皮腺相似。

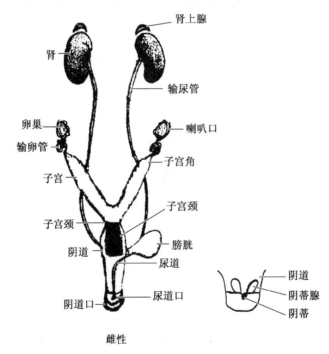

图 11-10 小鼠(雌性)生殖系统

【作业】

绘兔或小鼠的雌、雄性泄殖系统简图,注明各部分名称。

【思考题】

1. 鸟的泄殖系统中哪些特点适应飞翔生活?
2. 哺乳类的泄殖系统哪些方面表现出最高等的水平?
3. 总结各纲脊椎动物泄殖系统的进化趋势。
4. 比较各纲脊椎动物排泄系统和生殖系统之间关系的演变趋势。
5. 膀胱的产生有几种类型?
6. 区别名词:泄殖腔孔、泄殖孔和肛门。

实验12 鲨的循环系统

【目的要求】
了解鱼类心脏结构水平及单循环的血液循环模式;学习剥离血管的解剖技术。

【材料】
血管已注射颜料胶的鲨鱼浸制标本(动脉为红色,静脉为蓝色)或普通鲨鱼浸制标本。

【用具】
解剖器,解剖盘,探针。

【示例】
鲨鱼的心脏,鲨鱼鳃部的动脉,鲨鱼体动脉和体静脉,鲤鱼心脏。

【解剖与观察】
鲨鱼的心脏由静脉窦、一心房、一心室、动脉圆锥组成,血液循环为单循环。

一、心脏

对照图12-1进行观察。观察时将肩带和下颌之间即咽部腹面的皮肤和肌肉用解剖镊轻轻撕去。在除去腹面表层的肌肉即颌间肌后,可见到下层的鳃下肌。在舌软骨稍后方,在腹中线的鳃下肌和结缔组织之间可发现扁平叶状的甲状腺。继续将肌肉除去直至露出一层腹膜。将腹膜剪开,里面有一腔为围心腔。将围心腔周围肌肉和结缔组织除去,使围心腔完全暴露。剪开围心腔壁,将心脏轻轻提起,可见其后部有一三角形囊连于横隔膜上,此囊为静脉窦,其两侧角各埋在横隔膜中,每一侧角与一粗大的总主静脉相连。静脉窦前方连心房。心房单个,体积大而壁薄,位于心室背面及两侧,看似一对囊状。心房腹面连单一的心室。心室壁厚,富含肌肉。心室前端伸出一厚壁的管,为动脉圆锥,有收缩性,是心室的延伸。动脉圆锥腹壁上有一对冠状动脉,向后延伸到心室。动脉圆锥穿过围心腔前壁成为腹大动脉。

将心脏在心房后缘横向剪断,使静脉窦留在横隔上,并在动脉圆锥前方处剪断,将心脏取下,作一纵切,观察心脏内部结构。在心房与静脉窦之间有窦房孔,孔口处有瓣膜;在心房底部有房室孔使心房与心室相通,孔口处也有瓣膜。心房壁有所加厚,而心室壁更厚。内壁上有肌肉小梁,似海绵体,并可见到肌肉质纤维向房室瓣膜延伸。动脉圆锥基部有小口袋状瓣膜,袋口朝前,分前后两排,前排2个,后排2~3个,但较小。思考:心脏内的这些瓣膜有何功能?

观察鲤鱼心脏示例(图8-3)。鲤鱼的心脏位于身体的腹面两胸鳍之间,被包于围心腔内。在围心腔的中央有心室,心室前端有白色动脉球(鲨鱼是动脉圆锥)连接腹大动脉,是腹大动脉基部的膨大部分,无收缩能力。心室背面有一心房,壁较薄。静脉窦连接在心房后端。血液循环为单循环(从略)。

A. 实验部分

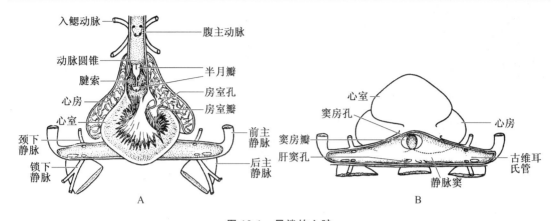

图 12-1 星鲨的心脏
A. 腹面观；B. 正中矢状面观 （丁汉波，1982）

二、动脉系统

鲨鱼的动脉系统分为腹大动脉和入鳃动脉、出鳃动脉和背大动脉及其分支等两部分（图 12-2，12-3）。

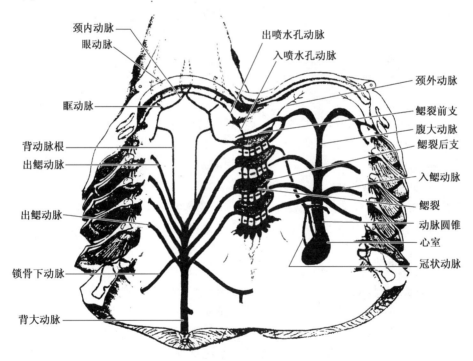

图 12-2 鲨鱼鳃部动脉图

1. 腹大动脉与入鳃动脉

继续撕去动脉圆锥前方的咽底壁肌肉，暴露出动脉圆锥的沿腹中线向前延伸的腹大动脉，并向两侧剥离，小心剥离出腹大动脉右侧分支。星鲨腹大动脉每侧有 3 个大分支，第一大支在第一鳃裂前分为 2 支，第三大支恰在动脉圆锥与腹大动脉交界处发出，很短即再分为 2 支。斜齿鲨的腹大动脉每侧发出 4 大支，第一大支再分为 2 支。这 5 支动脉为入鳃动脉，分别代表胚胎期第Ⅱ～Ⅵ对动脉弓,分别进入舌弓和第一至第四鳃弓的鳃间隔。追踪入鳃动脉进入鳃间隔的情况。

2. 出鳃动脉与背大动脉

用解剖剪将左侧口角剪开,将颌角剪断并继续向后剪开鳃弓侧角和肩带,将剪开部分向右侧翻开,撕去口腔及咽顶部皮肤。注意:皮肤与下方的出鳃动脉连接紧密,小心勿撕破血管。可见四对血管由鳃角处向外侧伸出,为出鳃动脉。将鳃软骨除去,清除结缔组织,分离并观察右侧完整的鳃部。每一出鳃动脉在鳃裂背角由两条血管汇合而成:一条是较小的鳃裂前动脉;另一条是较大的鳃裂后动脉,它们在腹端相连,围绕每个鳃裂形成一个完整的通路。每一鳃前壁的鳃裂后动脉与同一鳃的后壁的鳃裂前动脉之间有3～5条横动脉支相通。冠状动脉从第二出鳃动脉环的腹端发出,伸入围心腔而形成。颈内动脉从第一出鳃动脉发出,向前行,穿过脑颅底部供应脑部血液。

参看鲨鱼鳃部血管示例标本,仔细观察一个鳃的血管分布情况。

4对出鳃动脉在咽顶部中线汇合成背大动脉,向后进入胸腹腔,参看鲨鱼背大动脉分支示例标本,并将内脏翻向右侧,分辨下列动脉分支,它们由前向后依次从背大动脉发出。

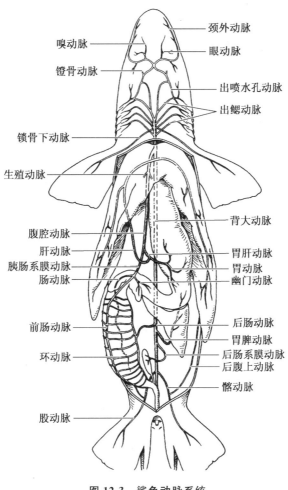

图 12-3　鲨鱼动脉系统

(仿 Graaff,1994)

锁骨下动脉：在第四出鳃动脉基部附近由背大动脉发出，分布到胸鳍及体壁。

腹腔动脉：在胃肝韧带处分为两大支，即胃肝动脉与胰肠系膜动脉，前者入胃和肝，后者入胰、脾和肠的腹面。

胃脾动脉：在肠系膜边缘由背大动脉发出，至胃和脾。

前肠系膜动脉：至螺旋瓣肠背面。

后肠系膜动脉：此血管很细，分支至生殖腺，并沿直肠腺系膜至直肠腺。

生殖动脉：由前肠系膜动脉和后肠系膜动脉分出，必须在发育成熟的标本中才能看出。

肾动脉：由背大动脉发出后直接进入肾脏，血管较细短，须将肾脏与背侧体壁分离，在肾的背面才可见到。

体壁动脉：将背大动脉拨向右侧则可见到，沿肌隔成对地进入体壁。

髂动脉：由背大动脉在泄殖腔前方发出，伸向腹鳍。

尾动脉：由背大动脉延伸入尾部，成为尾动脉，位于尾椎的血管弧内。

三、静脉系统

鲨鱼的静脉系统由体静脉、肝门静脉和肾门静脉 3 部分组成，观察时参看示例标本及图 12-4。

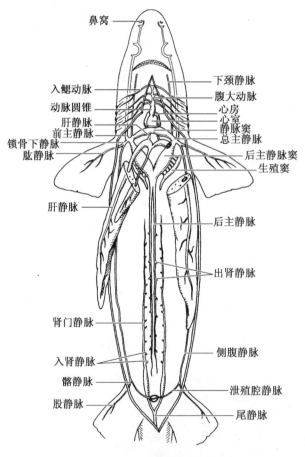

图 12-4　鲨鱼静脉系统

（仿 Graaff，1994）

1. 体静脉

体静脉为"H"形主静脉系统。前面一对前主静脉和一对下颈静脉,后面一对后主静脉,汇合为总主静脉,然后进入静脉窦。

将剪去心脏后的静脉窦(与其两侧的总主静脉)用水冲洗,洗去其内容物,观察静脉窦与进入其内的周围静脉血管。

肝窦: 出肝脏前端的肝静脉扩大形成肝窦,在肝脏与横隔之间,开口入静脉窦。

总主静脉: 在静脉窦埋在横隔的侧角内各有一个大的开口,为总主静脉的入口。

前主静脉: 前主静脉在眼后沿鳃裂上端、鳃软骨背面延伸,形成前主静脉窦,通过一开口进入总主静脉。使鲨鱼背面朝上,找到侧线的位置。用解剖刀从右侧鳃裂前端沿侧线作一纵切将其割开,可见到一个宽的管腔,即为前主静脉窦。用解剖刀向前一直切到眼后,将整个窦腔打开,并用探针深入管腔向后探索,找到进入总主静脉的孔道。它汇集身体前部血液经总主静脉进入静脉窦。在总主静脉入静脉窦的入口前内侧有下颈静脉入静脉窦的开口,下颈静脉来自口腔底部和咽壁。

后主静脉: 一对后主静脉,其后端汇集肾静脉。在体壁背中线两侧由后向前延伸,在肝脏基部的位置变粗大成囊状,形成后主静脉窦,不久即进入总主静脉。

侧腹静脉: 位于体壁内侧面中间,从体后向前延伸,汇集来自腹鳍和体壁的分支,在横隔侧面与从胸鳍来的臂静脉合成锁骨下静脉,进入总主静脉。

2. 肝门静脉

肝门静脉位于肝十二指肠韧带内,与输胆管并行。由三支较大的分支合成:左侧的一支为胃静脉,来自胃部,中间支为脾肠系膜静脉,主要由来自螺旋瓣肠左侧的后肠静脉和来自脾脏和胃后端的后脾胃静脉合成,右侧支为胰肠系膜静脉,由来自螺旋瓣肠右侧的前肠静脉和来自脾脏的前脾胃静脉合成。肝门静脉前端进入肝脏散成毛细血管,然后再汇集成肝静脉经肝窦入静脉窦。

3. 肾门静脉

尾静脉在泄殖腔附近分为左、右两支,进入肾脏,在肾脏中散成毛细血管,为肾门静脉。肾脏内血液再汇集成肾静脉通入后主静脉。用解剖刀在泄殖腔后缘将尾横切,观察血管弧中的尾动脉和尾静脉。用探针从尾静脉向前伸,可探到肾脏与体壁之间的空隙,此为肾门静脉的位置。

【作业】

绘鲨鱼心脏、鳃部动脉及静脉血管简图,注明鲨鱼的种名以及各部分名称。

【思考题】

1. 鲨鱼心脏的结构表现出哪些原始特征?
2. 从鲨鱼的血液循环路线总结其血液循环的模式和特点。
3. 什么叫单循环?为什么说单循环是和鳃呼吸联系在一起的?
4. 鲨鱼从消化管吸收的营养物质通过哪些血管运送到胃壁?
5. 尾部组织代谢产生的二氧化碳通过哪些血管从鳃排出?
6. 区别名词:动脉圆锥,动脉球。

实验 13　蟾蜍的循环系统

【目的要求】

了解两栖类心脏结构和不完全双循环的途径，以及皮肤呼吸的重要性；进一步熟练解剖血管的技术。

【材料】

血管已注射过颜料胶的新鲜蟾蜍（动脉为黄色，静脉为蓝色）。

【用具】

解剖器，解剖盘。

【示例】

蟾蜍的循环系统。

【解剖与观察】

将动物腹面朝上，置于解剖盘中。在动物腹后部左侧剪开一口，沿切口向左前方剪至肩带，并剪断肩带，将腹壁向右侧翻转，注意不要剪断位于腹中线的腹静脉。

在剥离已注射过颜料胶的血管时，不能用解剖镊夹血管，否则易断开。观察动脉时由心脏沿血管向远端末梢剥离追踪，而观察静脉则需从血管末梢向心脏的方向进行追踪，并随时用解剖镊清除血管周围的肌肉和结缔组织。

由于前腔静脉的血管不易注入胶液，这一部分的血管不够充盈，而且它们位于体腔前部腹面，往往在剥离动脉血管时不注意而将它们拉断。血液流出后更不易观察，因而观察动脉系统时须细心耐心地避开它们，尽量保留前腔静脉分支。

一、心脏

参阅图13-1。围心腔位于胸腹腔前端、肝脏的腹面。围心腔膜半透明，剪开这层膜观察心脏。心脏由静脉窦、左心房、右心房、心室和动脉圆锥组成。静脉窦位于心脏背面，提起心室即能见到，是一个三角形的薄壁囊，因充满血液而呈深色。静脉窦的左右两个前侧角分别连接左、右前腔静脉，后端接后腔静脉。静脉窦腹面与右心房以窦房孔相通，孔缘有窦房瓣1对。左、右心房壁较薄，房间隔完全（有尾两栖类房间隔不完全），以一共同的房室孔通心室。房室孔的位置在偏心室的左侧，孔的周围有房室瓣。左心房背壁有肺静脉的入口，无瓣膜。心室较大，似一个倒圆锥体。心室壁厚富含肌肉，内壁上由肌肉质网柱构成海绵状。由心室前腹面左侧延伸出动脉圆锥，较发达，与鲨鱼动脉圆锥类似，也具有主动收缩的能力。动脉圆锥与心室相接处的内壁上围生3个半月瓣。动脉圆锥背内壁有一条纵行隆起，为螺旋瓣。思考：心脏中的瓣膜各有什么作用？对血管的观察结束后剪下心脏，纵剖心室和动脉圆锥，用水冲洗干净后进行观察。

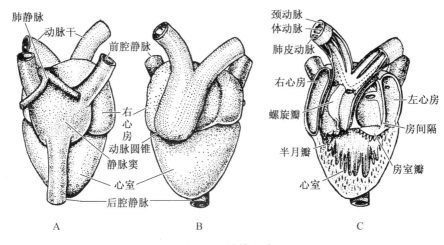

图 13-1 蛙的心脏
A. 背面观；B. 腹面观；C. 冠切面
（仿丁汉波，1982）

二、动脉系统

参阅图 13-2。由动脉圆锥向前发出一对粗大的动脉干，每一动脉干又分为 3 支。将动脉干周围的肌肉和结缔组织小心地清理掉，使这 3 个分支暴露出来。这 3 支由内向外分别是颈总动脉弓、体动脉弓和肺皮动脉弓。相当于胚胎期的第Ⅲ、Ⅳ、Ⅵ对动脉弓。

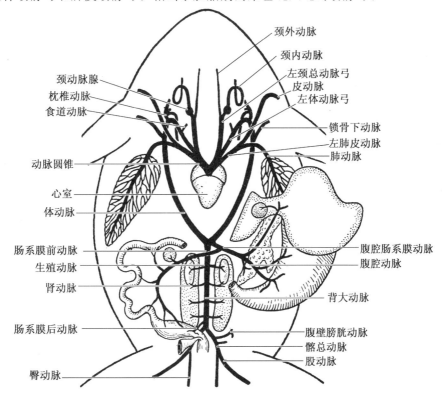

图 13-2 蛙的动脉系统腹面观
（仿丁汉波，1982）

1. 颈总动脉弓

每一颈总动脉又分为颈外和颈内动脉。

颈外动脉：为颈总动脉的内侧支，血管较细，向前延伸至口腔底壁和舌基部。

颈内动脉：为颈总动脉的外侧支，较颈外动脉粗大。在颈内动脉分支基部有一膨大的颜色较深的腺体，为颈动脉腺。颈内动脉开始沿着正中线向前方延伸，再绕过食管两侧到达颅骨基部，分为三支，分别将血液送至脑部、腭和眼。剪开一侧上下颌的连接，并将口腔背面黏膜撕开后进行跟踪观察。

2. 体动脉弓

体动脉弓前行不远绕过食道两侧，折向背方，沿体壁背方后行，至肾脏前端处左右体动脉弓会合为一粗大的背大动脉。将内脏器官轻轻翻向右侧即可见到会合处。

左右体动脉弓会合前发出几个分支。依前后顺序为：

喉动脉：为一很细的分支，在动脉弓靠近其起点处由内侧壁发出，通向喉部。

枕椎动脉：从体动脉弓前侧壁发出，先向前行一段，然后分为前、后两支，前支即枕动脉，向前行到达头部，供应上、下颌和眼眶、鼻端等处血液，后支即椎动脉，沿脊柱向后行，供血给脊髓、脊神经及身体背面的皮肤及肌肉。

锁骨下动脉：是一支粗大的动脉，在枕椎动脉稍后处发出，沿第二脊神经腹支通入肩部并伸展到前肢中。

食道动脉：很纤细，为一支或两支，从体动脉弓背部发出，进入食道背壁。

背大动脉依次发出下列分支，将内脏器官翻向右侧观察。

腹腔肠系膜动脉：在左右体动脉弓会合处腹面发出（有时正当二弓会合之前从左弓发出），并分为两支，一支为腹腔动脉，通入胃、肝、胆囊及胰脏；另一支为肠系膜动脉，通入肠和脾脏。

泄殖动脉：从背大动脉腹面发出多对小分支，向两侧分布到肾脏、生殖腺、脂肪体等处。

腰动脉：从背大动脉背部发出，1~4 对，分向两旁，伸入体腔背壁。

肠系膜后动脉：从背大动脉后端腹面发出，分布到直肠后部，有分支进入子宫背壁。

髂总动脉：背大动脉在尾杆骨中部处分开为左、右髂总动脉，它们在进入大腿之前各发出腹壁膀胱动脉，进入腹部体壁、直肠和膀胱。进入大腿后分为股动脉和臀动脉，其中：

① 股动脉（髂外动脉）：是一支粗大的血管，与坐骨神经相伴行，供应后肢血液。

② 臀动脉（髂内动脉）：分布到大腿上部的肌肉及皮肤中。剪开臀背部皮肤，在泄殖腔外侧可见到较细的臀动脉，与臀静脉伴行。

3. 肺皮动脉弓

由动脉干发出后向背外侧斜行，以后分为 2 支。

肺动脉：稍细，直达肺脏。

皮动脉：较粗大，发出后向前行，到达鼓膜后方分为 3 支，分别分布于下颌、背部体壁中以及身体两侧皮肤中。追踪观察，将背部皮肤揭起观察皮肤下动脉的分布。

三、静脉系统

蟾蜍的静脉系统（参阅图 13-3）已由鲨鱼的"H"形主静脉系统演变为"Y"形大（腔）静脉系统，由一对前腔静脉和一支后腔静脉组成，汇集全身血液进入静脉窦，再入右心房。

1. 前腔静脉

一对前腔静脉,位于身体腹面两侧。身体前部的血液由下列 3 支汇入前腔静脉,进入静脉窦前角。

颈外静脉:位居最前,汇集口底、舌部及下颌等处来的血液。

无名静脉:位居中间,汇集两条血管的血液,一条来自头部的颈内静脉,另一条来自肩部、上臂等处的肩胛下静脉。

锁骨下静脉:位居后侧,汇集两条血管的血液,一条是来自前肢的臂静脉,另一条来自身体背面及两侧的皮肤和外层浅肌的肌皮静脉。将前臂后侧皮肤揭起观察肌皮静脉的走向。

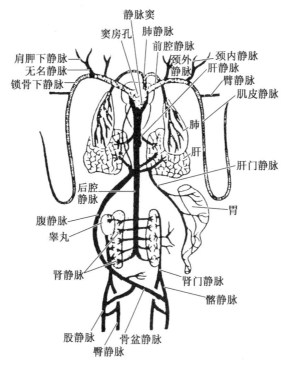

图 13-3　蛙的静脉系统腹面观

2. 后腔静脉

后腔静脉为一条粗大血管,位于背体壁正中线上,后端起于两肾之间,向前越过肝脏背面,进入静脉窦后角,途中由后向前接纳以下血管:

肾静脉:从一对肾脏通出,每侧各有 4～6 支,各自通入后腔静脉。

泄殖静脉:在雌体为卵巢静脉,起源于一对卵巢;雄体为精巢静脉,起源于一对精巢。常为 4～5 对,或直接进入后腔静脉,或先汇入肾静脉再随之进入后腔静脉。

肝静脉:左右各一支,从肝脏通出,开口于后腔静脉接近静脉窦的部位。

3. 门静脉

门静脉包括肾门静脉和肝门静脉。

肾门静脉:是后肢回心脏的血管。由两条血管合成:一条是来自大腿外侧的股静脉;另一条为大腿内侧的臀静脉,较细。股静脉在大腿基部又分为内外两支,内支为骨盆静脉,向内侧延伸,通向腹正中线;外支为髂静脉,前行不远与臀静脉会合后进入胸腹腔。沿肾脏外侧缘前行,同时又会合一支从体壁来的背腰静脉,然后分成许多小支进入肾脏,散成毛细血管,成为肾门静脉。

肝门静脉:由腹静脉和肝门静脉组成,其中:

① 腹静脉:代替了鲨鱼的侧腹静脉。左右骨盆静脉在腹正中线会合而成为腹静脉,沿腹壁中线前行,到达肝脏腹面时离开腹壁向背面走行,分为2支通入左、右肝叶中。

② 肝门静脉:由下列分支汇集而成:来自胃和胰脏的胃静脉,来自大、小肠的肠静脉,来自脾脏的脾静脉。肝门静脉在腹静脉入肝前分支点的地方与腹静脉会合入肝。会合前,肝门静脉另有一分支单独进入左肝叶。

4. 肺静脉

由肺回心脏的血液经一对肺静脉,然后合而为一,以单一血管通入左心房。

【作业】

绘蟾蜍心脏及动、静脉循环路线简图,注明各部分名称。

【思考题】

1. 比较蟾蜍与鲨的心脏和循环路线的不同。说明两栖类处于由水上陆的中间地位。
2. 皮肤呼吸的重要性在循环系统中如何体现?从皮肤静脉返回的多氧血进入心脏哪一部分?这一点说明什么?
3. 皮肤得到的氧气经何种途径送入脑组织?
4. 后肢代谢产生的二氧化碳和含氮废物经何种途径送出体外?
5. 消化道吸收的营养物质经何种途径送至肝脏贮存?
6. 区别名词:前主静脉与前腔静脉,门静脉与静脉,腹静脉与侧腹静脉。

实验 14　兔的循环系统

【目的要求】

了解哺乳类心脏结构与完全双循环的路线；进一步熟练解剖技术，提高对微细结构解剖的能力。

【材料】

血管已注射颜料胶的新鲜家兔（动脉为黄色，静脉为蓝色）。

【用具】

解剖器，骨剪，解剖盘。

【示例】

兔血管剥制标本，兔血液循环注塑标本（动脉为红色，静脉为蓝色，肝门静脉为黄色），哺乳类心脏模型，猪心脏浸制标本，各纲动物心脏的比较标本。

【解剖与观察】

将已经过血管注射的家兔置于解剖盘中，沿腹中线将腹壁剪开至胸骨剑突，由此处开始在距剑突两侧约 2 cm 处用骨剪向前纵行剪开胸廓至第一肋骨，把已剪断的部分轻轻提起，并剪断中隔障，将其翻转到动物右侧。有些兔的个体在胸廓前缘颈外静脉基部有一条横静脉，位于浅表，注意不要损伤。用解剖剪从第二肋骨向前剪开颈部皮肤和结缔组织，直至下颌联合，用解剖刀撬开下颌联合，用力将下颌掰开，使颈喉部的气管、血管暴露出来。左手用解剖镊提起围心腔膜，右手用解剖剪将其细心地剪开使心脏暴露。

实验中观察一侧而保留另一侧，并注意不要破坏已观察过的器官、血管和系膜，留待下次实验用。

哺乳类和鸟类一样，心脏分为 4 室，血液循环为完全双循环，为最高等脊椎动物。按以下顺序进行观察。

一、心脏结构

兔的心脏（参阅图 14-1）分为左、右心房和左、右心室。心脏外形似倒放的圆锥

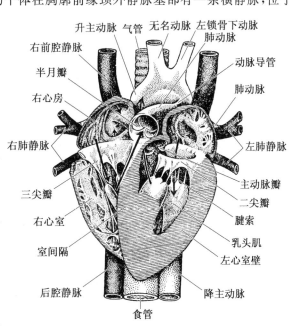

图 14-1　兔心脏纵切面

(仿杨安峰，1979)

体,心底(即锥底)向前,心尖向后。靠近心底处有围绕心脏的冠状沟,把心脏分为前后部,前部为心房,后部为心室。心室的背、腹面分别有背纵沟和腹纵沟,为室间隔所在位置。心室壁较心房壁厚,而左心室壁又较右心室壁厚,占有心脏的尖顶。

左心房与左心室之间和右心房与右心室之间有房室孔相通,是心房到心室的出口,口上有由心内膜褶形成的三角形瓣膜,左房室孔有2个,为二尖瓣,右房室孔有3个,为三尖瓣(鸟类的右房室孔上具有肌肉质瓣一个)。瓣膜的游离缘以腱索与心室内壁的乳头肌相连,乳头肌数目与瓣膜数目相同。在左心室的主动脉出口和右心室的肺动脉出口处各有3个呈袋状的半月形瓣膜,分别称为主动脉瓣和肺动脉瓣,袋口朝向动脉面。思考:这些瓣膜各有何功用?参看猪的心脏及哺乳类心脏膜型。血管观察结束后将心脏连带一小段血管剪下,纵剖开,冲洗干净,辨认心脏各部分结构,并数一数每一个腔各发出哪些动脉和接受哪些静脉。

小鼠的心脏:肌肉质心脏位于围心腔,尤其是心室的肌肉壁较心房厚。左心室有一个心尖,使心脏似歪向左侧。心室前方是左右心房,色较深。在围心腔腹面有淡粉色胸腺,在幼小个体中胸腺发达。

观察脊椎动物各纲心脏示例标本,比较其异同,理解它们各自的进化水平。

二、体循环的动脉部分

参阅图14-1~14-4。哺乳类的动脉弓仅保留颈动脉弓、体动脉弓和肺动脉弓,分别代表胚胎期第Ⅲ、Ⅳ、Ⅵ对动脉弓,体动脉弓中仅左侧保留(鸟类保留右侧)。

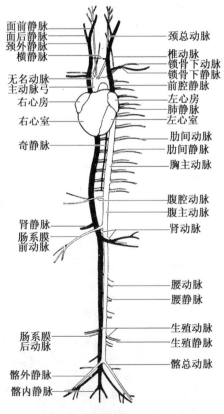

图14-2 兔全身主要动静脉示意图

(仿杨安峰,1979)

主动脉由左心室前方发出,先向前上方行,很快即弯向左背后方,形成主动脉弓,再向后延伸穿过胸腔和腹腔,按其所在位置可分为升主动脉、主动脉弓、胸主动脉和腹主动脉。升主动脉基部的主动脉瓣前方发出供应心壁营养的冠状动脉。主动脉弓在弯曲处发出两条大动脉,左侧为左锁骨下动脉,右侧为无名动脉。无名动脉是一段很短的血管,发出后很快分为3支,由内向外依次为左颈总动脉、右颈总动脉和右锁骨下动脉。胸主动脉在胸腔内,腹主动脉在腹腔内,发出血管到身体各个部分。

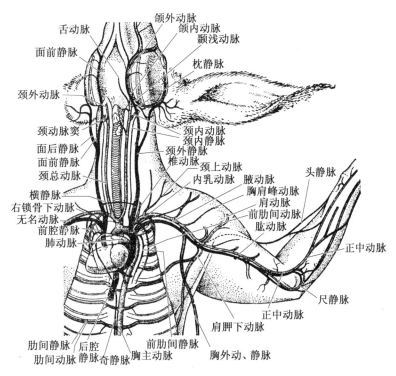

图 14-3 兔颈、胸、前肢部动静脉
(仿杨安峰,1979)

(1) 颈总动脉

颈总动脉位于气管两侧,将胸乳突肌、胸舌骨肌与气管分离以暴露颈总动脉。颈总动脉沿气管两侧向头部延伸,与迷走神经、交感神经干、减压神经相伴。在追踪此血管时切勿破坏血管周围的结缔组织膜,也可观察一侧的血管,另一侧完整保留以观察神经。在下颌角处,颈总动脉分为颈内动脉和颈外动脉。

颈内动脉由颈总动脉背壁向背方发出,轻轻提起颈总动脉腹面的结缔组织膜可见到颈内动脉,为较细的分支也向背侧,经鼓泡前破裂孔进入颅腔,供应脑部血液。

颈外动脉发出颈内动脉后的血管则为颈外动脉,比颈内动脉粗大许多,沿头颈部浅层肌肉分为3~5支。

(2) 锁骨下动脉

左、右锁骨下动脉离开胸前口,沿第一肋骨前缘进入前肢,是前肢的主要血管。锁骨下动脉在靠近它的基部前表面处发出椎动脉向前、向背侧延伸,进入颈椎的横突孔,经枕骨大孔进入颅腔供应脑后部血液。

(3) 肋间动脉

肋间动脉由胸主动脉发出。将胸腔脏器小心推向一侧,提起胸主动脉可以看到成对的肋间动脉分布于肋间肌之间,与肋间静脉伴行。

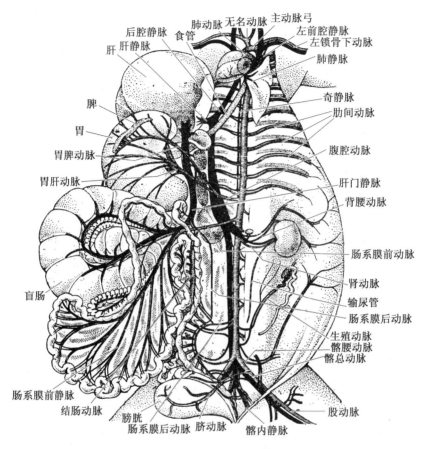

图 14-4　兔胸腹部动静脉

(仿杨安峰,1979)

观察腹腔及后肢的动脉,腹主动脉在腹腔依次发出以下血管。

(4) 腹腔动脉

腹腔动脉位于膈肌稍后方,由腹主动脉直接发出,较粗大。分为两支,靠近基部的一支为胃脾动脉,供应胃、脾的血液;另一支为主干——胃肝动脉,供应血液给胃、十二指肠前部和肝。

(5) 肠系膜前动脉

前肠系膜动脉在腹腔动脉后不远处由腹主动脉发出,分支到十二指肠、胰、小肠、盲肠和结肠。为看清这一血管,需分离肠系膜与背壁的粘连,注意勿破坏肠系膜。

(6) 肾动脉

由腹主动脉发出成对的肾动脉进入肾脏,因肾脏不对称,肾动脉和肾静脉也不对称,右侧高于左侧。肾动脉发出一分支至体壁,为背腰动脉。

(7) 生殖动脉

在雌兔中成对的生殖动脉伸向卵巢及输卵管上段,雄兔中则斜向后行,与生殖静脉、神经相伴行,形成精索。输送血液进入睾丸(睾丸常在阴囊中)和输精管。

(8) 肠系膜后动脉

肠系膜后动脉是一支细小的动脉分支,越过肠系膜分支到降结肠和直肠。

(9) 腰动脉

腰动脉共 6 条,从前向后每隔一段距离从腹主动脉背侧发出,伸向背部腰肌,观察时先移去腹主动脉旁的脂肪。再用粗头解剖镊轻轻托起腹主动脉即可看到。

用解剖刀切开耻骨合缝,并用力将腰带左右掰开,暴露骨盆腔内器官,并将它们推向一侧,便于观察。

(10) 尾动脉

在腹主动脉末端,可看到从背面发出一条动脉向后延伸到达尾椎骨腹面,为尾动脉。略提起直肠,用粗头解剖镊将腹主动脉末端轻轻托起即可看到。

(11) 髂总动脉

腹主动脉后端分成左、右两大支髂总动脉,有以下主要分支:

髂腰动脉:由髂总动脉基部发出,伸向腹部两侧的体壁肌肉中。

髂内动脉:由髂总动脉内侧分出,沿盆腔两侧壁向后延伸。

髂外动脉:分出髂内动脉后的主干即为髂外动脉。主要供应后肢的血液,在腹腔段为髂外动脉。到达股部则易名为股动脉。

三、体循环的静脉部分

参阅图 14-1~14-4。兔具有两支前腔静脉和一支粗大的后腔静脉,分别汇集头、颈、前肢、后肢、腹壁、内脏等处的静脉血,汇入右心房。肝门静脉稳定,肾门静脉完全消失。

1. 前腔静脉

前腔静脉在胸廓前口由左、右锁骨下静脉和左、右颈总静脉汇合而来。

(1) 锁骨下静脉

锁骨下静脉主要收集由前肢、胸肌及少数由肩部来的血液,与同名动脉伴行。

(2) 颈总静脉

颈总静脉由颈内静脉和颈外静脉汇合而成。

颈内静脉:是一支十分细小的静脉,收集由颅腔、舌及颈部回来的血液,沿颈总动脉外侧向后延伸。

颈外静脉:比颈内静脉粗大,尤其在注射了颜料胶后更明显。沿颈内静脉外侧后行,是气管两侧最粗大的一支静脉。收集眼部、颜面部、耳郭、头后部及鼻部、头骨底部等处的血液,与颈内静脉汇合后进入前腔静脉。有的个体颈外静脉基部有一条横静脉,连接左、右颈外静脉。

(3) 奇静脉

奇静脉位于胸腔背侧、紧贴胸主动脉右侧纵向分布的一条静脉,不成对,是右后主静脉的残余。它汇集第四肋骨后的肋间静脉汇入右前腔静脉,将胸腔脏器小心推向左侧即可见。

2. 后腔静脉

后腔静脉血管粗大,由较粗的左、右髂外静脉和较细的左、右髂内静脉汇合而成,伴随腹主动脉,沿背中线经腹腔、洞穿横膈进入胸腔,经心包腔进入右心房,主要汇集来自后肢、各内脏器官和体壁的血液。主要有以下各血管:

(1) 髂外静脉

髂外静脉与同名动脉伴行,是股静脉的直接延续,收集后肢血液进入后腔静脉。

(2) 髂内静脉

髂内静脉由盆腔背壁和大腿背部的许多小静脉联合而成,与同名动脉伴行。左、右髂内静脉在第一荐椎腹侧合并成一条,前行一段距离后进入后腔静脉。

(3) 髂腰静脉

髂腰静脉汇集来自腰部体壁的静脉。左、右髂腰静脉常常不对称,右侧的在距髂外静脉不远处进入后腔静脉,左侧的往往更靠前方进入后腔静脉,有时进入左肾静脉。

(4) 生殖静脉

生殖静脉来自生殖器官,与同名动脉伴行而进入后腔静脉。

(5) 肾静脉

肾静脉与同名动脉伴行,接受从肾回来的血液,并与来自体壁的背腰静脉汇合后进入后腔静脉。

(6) 腰静脉

腰静脉共6条,与腰动脉伴行。是较小的血管,收集来自背壁肌肉的血液,进入后腔静脉。

(7) 肝静脉

肝静脉收集来自肝脏的血液,有4~5条,离开肝脏后立即进入后腔静脉,需剥离紧贴后腔静脉的肝组织才能见到。

3. 肝门静脉

肝门静脉位于肝十二指肠韧带中,在胆总管的背侧。观察时将胃、肠等脏器轻轻掀向左侧,使胃和肝分开些,则可见肝门静脉。它收集来自腹部消化器官的血液,送入肝脏,先进入肝的右外叶。

四、肺循环

肺循环包括肺动脉和肺静脉。

(1) 肺动脉

肺动脉从右心室左前缘发出,伸向背侧,在主动脉弓的后面分为左、右两支,分别进入左、右肺。

(2) 肺静脉

肺静脉收集肺内的血液,形成左、右肺静脉,然后会合,以一个共同的开口汇入左心房。

(3) 动脉导管索

动脉导管索又称波氏导管,是连接肺动脉和体动脉弓的一条已封闭的血管,但在胚胎期未封闭。主动脉弓发出左锁骨下动脉后向后弯曲,在靠近肺动脉的地方,有一强韧的纤维带将这两条血管联系在一起,此为动脉导管索。

【标本处理】

将已观察过血管的兔标本放入冰箱冷冻或用5%的福尔马林溶液浸泡,留作以后的实验材料。

【作业】

绘家兔心脏、体循环、肺循环简图,注明各部分名称。

【思考题】

1. 区别单循环与双循环，不完全双循环与完全双循环。
2. 如何理解循环系统的演变与呼吸系统的演变密切相关？
3. 比较鲨、蟾蜍、兔心脏的分化和动脉弓及静脉系统的演变，总结演变趋势。
4. 家兔后肢的代谢产物（包括二氧化碳和含氮废物）通过哪些血管和器官排出体外？
5. 家兔肺部吸入的氧气通过什么途径进入脑组织？
6. 从机能形态的角度比较鸟类和哺乳类在内脏各系统所表现的不同的形式。说明它们是在爬行类的基础上向不同方向发展的两类高等脊椎动物。

实验 15　鲨鱼的神经系统和感觉器官

【目的要求】

了解低等脊椎动物的神经系统和感觉器官的基本结构模式；进一步提高解剖微细结构的能力。

【材料】

星鲨或斜齿鲨的浸制标本，鲤鱼。

【用具】

解剖器，解剖盘。

【示例】

星鲨的脑和脑神经、半规管及脊神经，星鲨脑的正中矢状切面，星鲨脑的模型，鲤鱼的脑和脑神经。

【解剖与观察】

实验开始前，对照本实验有关插图和示例标本熟悉鲨鱼脑、脑神经、脊神经及内耳的准确位置和形态结构（图 15-1，15-2）。将鲨鱼放置于解剖盘中，根据实验 2 中对星鲨和斜齿鲨外形的描述，判断标本的种类。

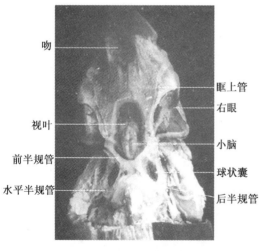

图 15-1　鲨鱼的内耳
（仿 Graaff，1994）

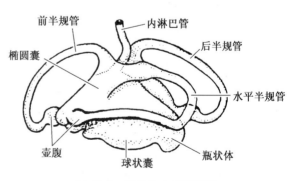

图 15-2　鲨鱼的内耳侧面观

一、脊神经

将鲨鱼胸腹腔内的脏器全部移去，包括肾脏和生殖系统。在体腔背侧壁有白色神经伸出，分节排列，沿肌隔延伸，为脊神经腹支。在偶鳍区域，脊神经腹支供给鳍部肌肉，并彼此联合形成神经丛,在腹鳍的叫腰荐丛,胸鳍部位为颈臂丛。

将胸鳍基部腹面的皮肤切开,分离躯干的皮肤与肌肉,寻找颈臂丛。可见到白色神经进入胸鳍的结缔组织中,继续向前内侧追踪,并切开食道侧面的体壁,可见到数条脊神经(大约 8 条)组成神经丛,从脊髓发出伸入胸鳍。神经丛的前方可见到有数支脊神经形成集合支供应咽部,此为枕脊神经,与羊膜类第Ⅻ对脑神经同源。

思考:标本中有大约多少支神经进入胸鳍?哪些神经之间有横支相连?

二、内耳

内耳为鲨鱼的平衡感觉器官,由 1 个椭圆囊、1 个球状囊和 3 个互相垂直的半规管组成。

将鲨鱼标本从胸鳍后方横切成头和躯干两部分,只保留头部。将头部背面的皮肤和肌肉清除,露出颅骨。要注意在眼前部皮肤下方有白色神经纤维向吻部延伸,不要将其误认为肌肉或结缔组织而将其拉断。在眼窝后内侧,内淋巴窝两侧和喷水孔之间为内耳所在位置,隔着软骨的颅骨隐约可见内耳内的 3 个半规管。星鲨颅骨后部较为平坦,而斜齿鲨颅骨后部窄并向两侧倾斜,要将侧面的一部分肌肉清除掉。

剥离半规管的方法:用解剖镊和薄片解剖刀小心地、一点点地夹掉或削去覆盖在内耳上的软骨,密切注意细管的出现,直至暴露出膜质的 3 个半规管和下方的椭圆囊及球状囊。半规管几近透明,嵌在软骨内,互相垂直。前后半规管直立,两管之间是呈水平位的水平半规管。椭圆囊在上部,靠近前半规管,球状囊在下部,位置较深,较椭圆囊大。半规管一端有膨大,为壶腹,壶腹内有听嵴。前半规管和水平半规管的壶腹位置靠近,可根据此特征判断半规管的前后位置。膜质内耳内充满内淋巴液,内耳与软骨耳囊内充满外淋巴液。在椭圆囊和球状囊内有黄色或褐色的石灰质耳石,呈片状,剪开膜质囊可将耳石取出。思考:耳石和半规管有何功能?

三、眼和眼肌

参阅图 15-3～15-5。观察鲨鱼左眼,首先分清眼的前后侧(即人眼的内外侧)和上下侧,将眼眶周围的皮肤和眼睑用解剖剪剪去,尽可能多地暴露眼球。用左手食指和拇指拉住眼球,稍向外拉并转动,可见到眼球后壁上附着的几条眼肌,右手用解剖剪贴着眼球后壁,在眼肌止点处将眼肌剪断,尽可能多地将眼肌留在眼窝内,并在眼球后部剪断视柄和视神经,将眼球剪下,放在盛水的解剖盘内以备观察。

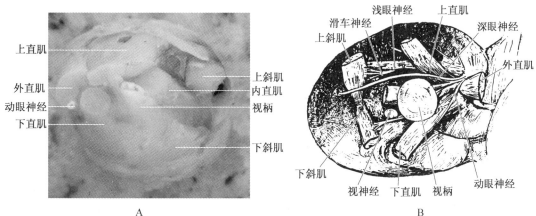

图 15-3　鲨鱼的左眼眼肌

A. 照片;B. 示意图

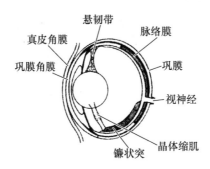

图 15-4　硬骨鱼的眼纵剖面

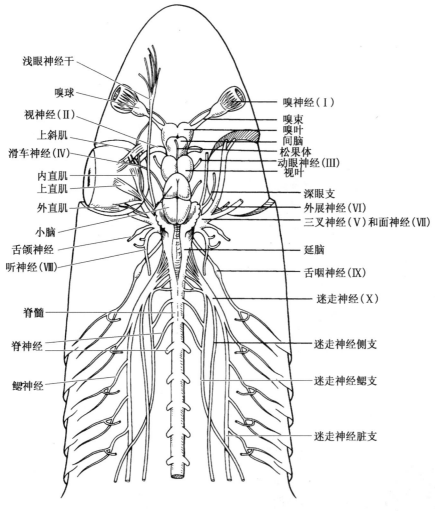

图 15-5　鲨鱼的脑和脑神经背面观
(仿 Graaff,1994)

仔细清除眼窝内的结缔组织和胶状物,注意不要拉断肌肉和白色神经纤维,这时可以清楚地看到 6 条眼肌。4 条直肌(上直肌、下直肌、内直肌、外直肌)起于眼眶后部,靠近视柄和视神经,位置几乎互相垂直,然后向前延伸,分别附着于眼球的上、下和前、后壁上;2 条斜肌(上斜肌、下斜肌)起点在眼眶的前部,向外、向后延伸,附着于眼球的前背侧和前腹侧。在上斜肌背面有浅眼神经通过;上直肌下方、眼球上表面有深眼神经通过。在 4 条直肌起点的中央有一白色粗大的神经,即视神经,还有一软骨棒,为视柄。滑车神经(第Ⅳ对脑神经)经由头骨穿出后支配上斜肌,外直肌由外展神经(第Ⅵ对脑神经)支配,可在外直肌表面见到。其余四条眼肌由动眼神经(第Ⅲ对脑神经)支配,在下直肌和下斜肌的腹侧面、上直肌和内直肌的背侧面可找到动眼神经分支。

鲨鱼眼的结构与其他鱼类基本一致,代表水生脊椎动物。将眼球背壁剪去一部分,露出里面的水晶体,观察内部构造。眼球壁共有 3 层,最外一层为较坚硬的软骨质的发白的巩膜,巩膜前面的一部分转化为透明的角膜;中间层为黑色的脉络膜,它向前延续成为一薄的黑色环形膜,为虹膜,其中央有一瞳孔,可以放大或缩小;最内层为色较淡的视网膜。水晶体位于虹膜和视网膜之间,鱼类的水晶体为球形,虹膜与水晶体之间充以水样液,水晶体与视网膜之间充以玻璃液,均有折光作用。取下水晶体,用解剖镊将其剥开,可见其由无数细小的纤维所组成。

四、脑和脑神经

在剥离脑神经时应将一段神经根留在脑部,不要拉断,以便观察(参阅图 15-5)。

1. 脑的背面观

在内耳前方,用解剖镊和刀将软颅顶部软骨一小块一小块地除去,并用同样方法向后剥,直至脊髓前方,以暴露出脑的背部。在剥除脑与眼之间的软骨时注意白色神经纤维,不要将其误认为是结缔组织而拉断。在背面可看到的脑神经有:

三叉神经(Ⅴ)的浅眼支:在眼窝背壁通出,一直向前延伸到吻尖,具有大量分支。

滑车神经(Ⅳ):由中脑顶部两侧发出,向前延伸一段后转向外侧,穿过眼窝后壁,伸至上斜肌。

在囟门背后部剥离时不要损毁松果体。它是由间脑向背面发出的一个极小的腺体。颅腔内壁有较厚的膜。脑的外层有很薄的原脑膜保护,膜内分布着细小的血管。

鲨鱼脑明显分化为大脑、间脑、中脑、小脑和延脑。脑的背面前方可看到一对突出的呈球状的大脑,大脑两侧的嗅叶经极短的嗅束连着呈三角形的嗅球,嗅球前面紧连着嗅囊,由于嗅球和嗅囊紧相靠近,不能解剖出嗅神经,这是星鲨的情况,在斜齿鲨中形态则有不同(图 15-6),嗅囊和嗅球离得较远,可以明显地看出嗅神经。嗅觉的神经内部联系见图 15-7。

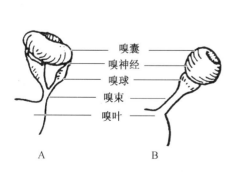

图 15-6 鲨鱼的嗅囊和嗅束
A. 斜齿鲨;B. 棘鲨

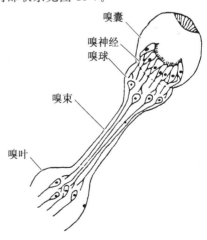

图 15-7 嗅觉的神经内部联系

大脑后面接一对大的圆形视叶（中脑），大脑与中脑之间有松果体自间脑顶部伸出，间脑位置靠下，位于中脑前的凹陷部分，不与大脑和中脑在一个平面上，常被中脑前部遮盖，背面不易见到。小脑位于中脑后方，单个，呈椭圆形，表面有纵沟和横沟，大而发达，前部遮盖一部分视叶，后部覆于延脑之上。延脑在小脑后方，呈三角形，背壁很薄，为后脉络丛所盖，其下方为第四脑室。延脑前端两侧有耳状突，又名听侧区，为听囊及侧线的中枢。延脑后接脊髓，无明显分界。

2. 脑的腹面观和脑神经

保留脑颅两侧的部分，从后向前逐渐将脑底部的软骨一点点剥去，并剥离腹面的脑神经，留下神经根，分辨它们，注意它们的发出部位、特点和主要分布区域。

鲨鱼的脑神经有10对，将它们的名称按顺序编成四句话，便于记忆：一嗅二视三动眼，四滑五叉六外展，七面八听九舌咽，迷走副脊舌下全（副脊神经和舌下神经为羊膜类所具有）。

嗅神经（Ⅰ）：从嗅囊的嗅黏膜发出，连接到嗅球上，仔细将嗅囊与嗅球分离，可见到许多细小的神经司嗅觉。

视神经（Ⅱ）：细胞体位于眼球视网膜上，轴突合成视神经，由眼球后面穿出，在间脑底部形成视神经交叉，后入间脑，司视觉。

视神经交叉的后方，为漏斗体，远端连接白色突起的脑下垂体，漏斗体基部两侧有一对下叶，下叶后面、腹正中部分有单个深红色血管囊。下叶和血管囊是鱼类特有的构造，与水的深度和压力感觉有关。

动眼神经（Ⅲ）：从中脑底部向两侧发出，位置正好在脑下垂体前方、血管囊背面，穿过眼眶后壁，分布于眼球的下斜肌、上直肌、下直肌、内直肌上，司运动。

滑车神经（Ⅳ）：已在脑背面观察，由中脑顶部两侧发出，司运动。

三叉神经（Ⅴ）：是一支粗大的脑神经，自延脑前部侧面发出，与第Ⅶ、第Ⅷ对脑神经基部混在一起。出延脑后穿过头骨进入眼窝，立即分为4支：第一支为浅眼神经，与第Ⅶ对脑神经浅眼支共同合成浅眼神经干，在眼肌背面向前通出眼窝背壁，并一直向前延伸，从嗅囊背上方到吻部（在背面观察）；第二支为深眼神经，在眼窝内位于浅眼神经腹面，在眼球内侧、上直肌和上斜肌腹面向前延伸，在眼窝前内侧离开眼窝，与浅眼神经联合后又分开，分布区域与浅眼神经相同；第三、第四支分别为上颌神经和下颌神经，在眼窝底部向前外侧延伸，分别分布于上、下颌的皮肤和肌肉及吻部，为混合神经，司运动和感觉。

外展神经（Ⅵ）：在延脑腹面靠近正中线处发出，向前沿第Ⅴ、第Ⅶ对脑神经主干腹面伸向外直肌，司运动。

面神经（Ⅶ）：与三叉神经关系密切。发出处相同，分为4支：第一支为浅眼神经，与三叉神经的浅眼支合并；第二支为口支，与三叉神经的上颌支合并；其余2支在耳囊前方分出，再分为前方的腭神经和后方的舌颌神经，前者分布于味蕾和口腔上皮，后者延伸在喷水孔后方，分布于舌颌部和下颌的侧线、电接受器官以及舌弓肌肉，为混合神经。

听神经（Ⅷ）：起于延脑两侧，基部与第Ⅴ、第Ⅶ对神经混合，发出后很短即进入内耳，立即分成许多分支，在示例标本上可见到它的根状分支，将内耳剥除即可见到，司听觉和平衡觉。

舌咽神经（Ⅸ）：起于延脑侧面，正在第Ⅷ对神经发出处后方，与舌颌神经平行，分布于第一鳃裂的前后侧。为混合神经。

迷走神经（Ⅹ）：为混合神经，是最大、最长的一对脑神经，由数个根起源于延脑侧面，向身体后侧面延伸，分支包括：

4 个鳃神经：分布于第二至第五对鳃裂的前后侧；

侧神经：分布到身体两侧的侧线；

内脏神经：分布于心脏、消化道等内脏器官。

3. 脑室

将脑周围的神经和组织剪断，取下脑，放入盛水的解剖盘内观察，并纵切为左、右两半，参看鲨鱼脑正中矢状切面标本，试辨认各个脑室。大脑内为公共脑室（两侧脑室未完全分开），间脑内为第三脑室，延脑背面为第四脑室。注意各部脑壁的厚薄。

思考：中脑中有无脑室，其大小如何？

五、鲤鱼的脑和脑神经

观察鲤鱼脑的模型，脑分为大脑、间脑、中脑、小脑和延脑。大脑分左右半球，其前方有嗅柄和嗅叶。中脑背面有一对视叶。小脑发达。脑腹面可见大脑和中脑之间有间脑和脑下垂体（图 15-8）。

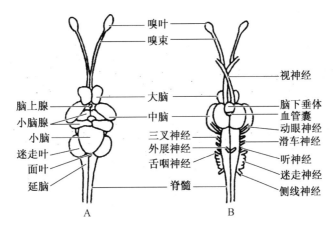

图 15-8 鲤鱼的脑和脑神经
A. 背面；B. 腹面

【作业】

1. 绘鲨鱼内耳侧面观图，注明各部分名称。
2. 绘鲨鱼眼剖面图和眼肌分布简图，注明各部分名称。
3. 绘鲨鱼脑背面观、腹面观和 10 对脑神经简图，注明各部分名称。

【思考题】

1. 鲨鱼脑分几部分？每一部分有什么重要结构？
2. 记住鲨鱼 10 对脑神经的名称，它们起于何处？分布到何处？其中哪几对支配眼肌？哪几对与嗅、视、听觉发生联系？哪些与咽颌发生联系？
3. 鲨鱼有哪些感觉器官？有什么特点和功能？
4. 鲨鱼的脊神经如何分布？有什么神经丛？功能如何？

实验 16　蟾蜍(蛙)的神经系统和感觉器官

【目的要求】
了解两栖类神经系统和感觉器官结构,理解这一系统在由水上陆过程中的变化。

【材料】
活蟾蜍。

【用具】
解剖器,解剖盘,探针。

【示例】
蟾蜍的脑和脑神经,蟾蜍的脊神经,牛蛙(*Rana catesbeiana*)的交感神经和脊神经,蛙脑模型,鲨鱼的脑和脑神经。

【解剖与观察】

一、脑

参阅图 16-1,观察蟾蜍脑剥制标本和蛙脑模型。脑由 5 部分组成:大脑、间脑、中脑、小脑和延脑。两栖类的脑仍处于较低等的水平,脑的弯曲不大,在背面就能看到这 5 部分。

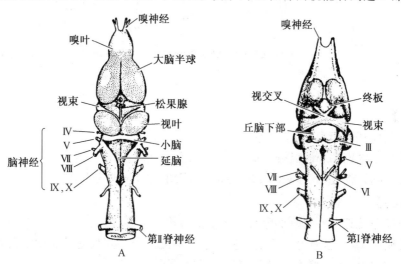

图 16-1　青蛙的脑
A. 背面观;B. 腹面观

脑的最前端有两个并列的锥形体,为嗅叶,其前端发出一对嗅神经。嗅叶后为两个隆起的大脑半球,体积较大,半球之间以矢状裂相隔。间脑是中脑和大脑半球之间的菱形区域,背面多皱褶,顶部有不发达的松果体相连。间脑底部(见腹面观)在视神经交叉后有一突出的扁平体,即漏斗体,其末端连着椭圆形脑下垂体。中脑在间脑之后,顶部是一对卵圆形视叶,视叶后的一条横褶为小脑,极不发达。与鲨鱼脑比较,由于两栖类活动范围狭窄,运动方式简单,司运动的小脑反比鱼类退化。脑的最后部分为延脑,呈三角形,背面有菱形沟,上面覆以后脉络丛。

脑神经10对。其发出部位与鲨鱼脑神经的发出部位相似。

二、脊神经

将活蟾蜍按实验7中的方法处死并打开胸腹腔。将内脏器官推向动物右侧,可见到脊柱两侧的白色线状的脊神经(参阅图16-2)。脊神经由前向后共10对,自椎间孔穿出后分为2支,即背支和腹支。背支细小,分布到背侧肌肉和皮肤;腹腔内的白色脊神经实际为脊神经腹支,其中第Ⅱ、第Ⅶ、第Ⅷ、第Ⅸ脊神经腹支最为粗大。

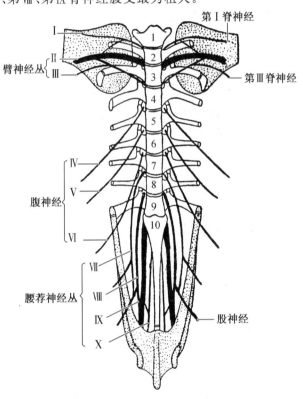

图16-2 蛙脊神经腹支的排列

第Ⅰ对为舌下神经,在寰椎与第二椎骨之间的椎间孔穿出,此后由每一个椎间孔穿出一脊神经,第Ⅸ对自第九椎骨与尾杆骨之间穿出,第Ⅹ对自尾杆骨稍前段两侧的尾骨孔穿出。舌下神经主支分布到舌与舌器的肌肉以及口的底部。第Ⅱ对粗大,易于识别,与第Ⅲ对脊神经主支及第Ⅰ对脊神经的一侧支共同组成臂神经丛,向外延伸,进入上臂支配前肢。第Ⅳ、第Ⅴ、第Ⅵ对脊神经分布于体壁肌肉与皮肤中。第Ⅶ、第Ⅷ、第Ⅸ、第Ⅹ对脊神经发出后直向后伸,几乎与脊柱平行,共同组成腰荐神经丛,又称坐骨神经丛,向外后方延伸,形成粗大的坐骨神经,进入后肢。

三、交感神经

参阅图 16-3。交感神经由交感干、交感神经节和交感神经组成。观察牛蛙交感神经剥制标本，如果蟾蜍标本足够大时也可看到，但不明显。

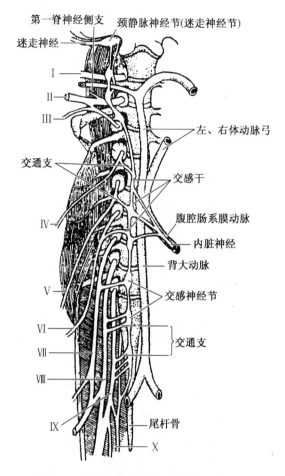

图 16-3　蛙右侧脊神经与交感神经腹面观

蛙具有一对交感神经干，位于脊柱两侧。每根交感神经干前端起于脑颅中的三叉神经的半月神经节，向后延伸，经颈静脉孔伸出脑颅。每条交感神经干上有 10 个膨大部分，为交感神经节，每个交感神经节接受一根或多根由脊神经发出的交通支，腹腔后部的交通支较前部的为长。标本中靠近椎间孔处有明显的白色石灰质体存在。由交感神经节上发出的通往内脏的神经为节后神经。在神经干中部的神经节发出的节后神经沿动脉弓向内脏延伸，形成腹腔神经丛，在动脉弓汇合成背大动脉处可见到腹腔神经节，发出神经纤维到内脏各器官。

副交感神经在头部伴第Ⅲ、第Ⅶ、第Ⅸ、第Ⅹ对脑神经走行。其中迷走神经自颈静脉孔穿出脑颅，穿过颈静脉神经节后发出分支支配内脏器官。两栖类开始出现发自脊髓荐部的副交感神经。

四、中耳

蟾蜍(蛙)的鼓膜位于眼后的头部表面。用解剖刀沿鼓膜边缘切开,用解剖镊揭起鼓膜,可见到中耳腔和耳柱骨。中耳腔与口咽腔借耳咽管相通,在口腔侧壁上可见到耳咽管孔。中耳腔内有棒状的听小骨,为耳柱骨,外端顶住鼓膜内壁,另一端顶住内耳卵圆窗。

思考:耳柱骨的前身是什么结构?

【作业】

1. 绘蟾蜍脑背面观图,注明各部分名称。
2. 绘蟾蜍脊神经腹面观图,注明各部分名称。

【思考题】

1. 两栖类的神经系统和感觉器官在哪些方面比鱼类进化?
2. 耳柱骨的同源器官有哪些?

实验17　家兔的植物性神经和脊神经

【目的要求】

了解家兔的植物性神经和脊神经的成分、走向和分布以及交感神经和副交感神经的不同；提高对微细结构解剖的能力。

【材料】

家兔的浸制或冷冻标本(实验14中保存)。

【用具】

解剖器，解剖盘，骨剪。

【示例】

家兔的植物性神经和脊神经的剥制标本。

【解剖与观察】

一、植物性神经系统

哺乳类的这一系统又分为交感神经和副交感神经两个系统。交感神经系统包括脊柱两侧的交感神经干和交感神经节；副交感神经系统包括发自中脑、延脑和脊髓荐部的副交感神经及副交感神经节。本实验观察交感神经系统和副交感神经系统中的发自延脑的迷走神经及其分支。

1. 颈部植物性神经

颈部交感神经干和迷走神经并行，位于气管两侧及颈总动脉背侧，迷走神经稍粗，靠外侧，交感神经干较细，靠内侧(参阅图17-1)。

用解剖镊轻轻提起颈总动脉，在其背面的结缔组织膜中可看到几条白色纤细的神经，仔细地将它们逐一分离，并加以辨认。较粗的位于外侧的神经为迷走神经干，较细的位于内侧的为交感神经干，紧贴颈总动脉背壁的更细的神经为减压神经。沿迷走神经和交感神经干向前追踪，在鼓泡内侧、颈内动脉背侧靠近颅腔处，迷走神经有一灰白色卵圆形的神经节，在其内侧稍前方为交感神经的颈前神经节，这是一个长圆形、也呈灰白色的、较迷走神经节小的神经节。这两个神经节正位于舌下神经的后方。

(1) 迷走神经干的分支

由迷走神经节发出一短横支，伸向喉部，为喉前神经。同时迷走神经节还发出减压神经(发出部位在不同个体稍有变异)，紧贴颈总动脉纵行向后到主动脉弓和心脏。单独刺激活兔的这一条减压神经会引起血压降低，心跳减缓。两侧迷走神经干在左、右锁骨下动脉附近发出喉返神经：左侧的喉返神经绕过主动脉弓，紧贴气管前行到喉头；右侧的则转折向前，紧贴气管前行到喉头。

(2) 交感神经干

交感神经干在入胸腔处稍前方、锁骨下动脉的前后，有颈后神经和第一胸神经节，但因此

实验 17 家兔的植物性神经和脊神经

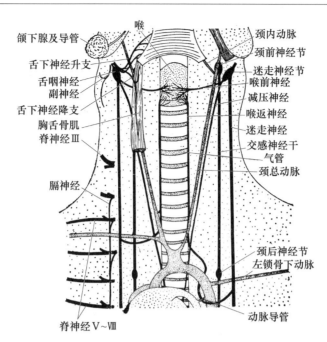

图 17-1 兔颈部植物性神经示意图
(仿杨安峰,1979)

处的神经和血管较多,结构复杂,故不要求剥离和观察。

2. 胸部植物性神经

在胸腔入口处迷走神经干与交感神经干分开。

(1)迷走神经干

迷走神经干入胸腔后发出肺丛分布到肺,主干继续沿食道后行,穿过横膈入腹腔,发出分支到胃、脾、肝、胰和肠管上。

(2)交感神经干

交感神经干将胸腔内脏器官小心地推离背壁,在脊柱两侧可见到白色纤细的交感神经干,每两肋骨之间的交感干上有一交感神经节,该节以白交通支和灰交通支与相应的脊神经相连。

3. 腹腔内交感神经的神经节和神经丛

把腹腔内脏器官轻轻推向动物右侧,暴露出腹主动脉和它的分支,从左面观察以下结构。

(1)太阳丛

追随交感神经干进入腹腔后,在肠系膜前动脉基部可见到太阳丛,这是由腹腔神经节和肠系膜前神经节及其间相连的交通支合成的。腹腔神经节靠前方,肠系膜前神经节靠后方,均呈不规则长圆形,由神经节发些的节后纤维呈放射状,在光线合适时可以看得很清楚,它们在白色的神经节周围形成一个大神经丛,常称为太阳丛(图 17-2)。节后纤维分布到胃、肝、肠、胰、脾、胃、肾上腺等处。

(2)肠系膜后神经节

肠系膜后神经节位于肠系膜后动脉根部稍前方,形细长。较小,长轴与腹主动脉平行,发出节后纤维到结肠、膀胱及生殖器官。

上述神经节合称椎前神经节。

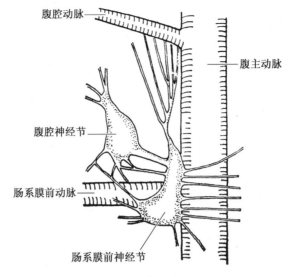

图 17-2 兔腹腔神经节和肠系膜前神经节

二、脊神经

脊神经经椎间孔穿出椎管,分为背、腹两支,背支较细短,分布到躯体背部的肌肉和皮肤,腹支较粗长,分布到躯体腹部和四肢的肌肉和皮肤。兔有颈神经 8 对,胸神经 12 对,腰神经 7 对,荐神经 4 对,尾神经 6 对。脊神经的腹支有一部分相互吻合形成神经丛。

1. 膈神经

找到膈肌,在它向胸腔的一面上有一对神经分布在膈肌上,即膈神经,沿膈神经向前追踪到颈部,寻找它的发出处(图 17-3)。

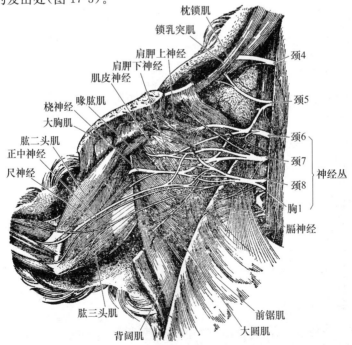

图 17-3 兔的臂神经丛

(仿杨安峰,1979)

将止于胸骨柄的肌肉拉向外侧,或横行剪断,暴露出脊柱肌,可看到数条平行排列的颈神经由脊柱肌的背方发出,靠前面的一条位于喉头稍后方,为第三颈神经腹支,用它作定位标志,找到第四颈神经腹支的一个向后的分支,它汇合第五、第六颈神经腹支的分支形成膈神经,向后进入胸腔,沿心包与中隔障下降到横膈,分数支进入膈肌。

2. 臂神经丛

由第五、第六、第七、第八颈神经腹支和第一胸神经腹支吻合形成,其中第六、第七、第八颈神经最粗,第一胸神经基本上与第八颈神经合并在一起,臂神经丛分支大多分布在肩部及前肢(图17-3)。

3. 腰荐神经丛

在最后一对肋骨稍后方的一对脊神经为最后一对胸神经,它后面的第一对脊神经就是第一对腰神经,依次类推,后4对腰神经和4对荐神经的腹支形成腰荐神经丛。将耻骨合缝打开,移走盆腔内的脏器,暴露出荐神经,观察腰荐神经丛(图17-4)。

坐骨神经：是全身最大的神经,由第七腰神经和第一、第二荐神经腹支形成,由骨盆穿过坐骨大切迹和髋股关节,在股骨大转子后面进入大腿深层肌肉。辨认坐骨神经。

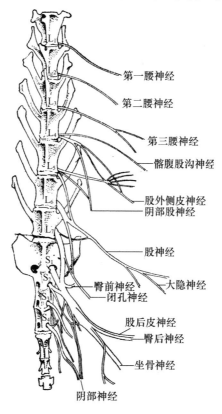

图 17-4 兔腰荐神经丛

(仿杨安峰,1979)

【标本处理】

在距离头骨基部后方约 3 cm 处用大骨剪剪断颈椎骨,将头骨取下,除去下颌骨及头部皮肤和较大块的肌肉,将头骨浸泡在10%的福尔马林溶液中约15天,使脑组织固定;再将头骨移入15%的盐酸溶液中浸泡10~15天,直至骨中的石灰质被溶解,头骨变软为止。取出头骨用清水冲净后备用。

【作业】

绘家兔颈部植物性神经简图,注明各部分名称。

【思考题】

1. 实验中观察的交感神经与副交感神经各包括哪些部分？它们有什么相同和不同？
2. 如何寻找腹腔神经节？
3. 兔的减压神经有什么特点？
4. 为什么说兔的膈肌是颈部肌节下移形成的？
5. 兔的脊神经组成哪些神经丛？发出哪些重要神经？

实验 18　兔的脑和脑神经

【目的要求】
兔脑及脑神经的解剖观察,掌握兔脑结构特点和 12 对脑神经发出部位;掌握剥离兔脑和脑神经根的解剖技术。进一步提高微细结构解剖的能力。

【材料】
在盐酸中浸泡过的兔头标本。

【用具】
解剖器,解剖盘,切脑用的双面刀片。

【示例】
兔头骨,兔脑,兔脑正中矢状切面,猫脑,人脑正中矢状切面;兔脑模型;鲨脑和蟾蜍脑的标本和模型。

【解剖与观察】

一、剥离兔脑和脑神经

取出在盐酸中浸泡过且头骨已软化的兔头。用解剖剪和解剖镊将头部肌肉清除干净,露出颅骨,然后按以下顺序剥脑,随时参看兔头骨标本和兔脑模型,以确定正在剥离部分的位置。注意骨片内面坚韧的硬脑膜。

1. 头骨腹面

先将颈椎的椎弓用解剖剪剪去,露出脊髓和脊神经根;自枕骨大孔开始,用解剖剪和解剖镊将腹面骨片从后向前一点点地取下。在发出脑神经的相应位置上,用解剖镊将骨片稍稍抬离脑组织,可见到白色神经纤维从脑部伸出,穿进骨组织。然后用解剖剪慢慢伸进骨与脑之间的空隙,贴着头骨内壁剪断脑神经,尽可能多地将脑神经根部留在脑组织上。在剥离鼓泡内侧部和基蝶骨时尤其要小心。脑下垂体的位置及脑腹面的脑神经由后向前的发出部位如下述(图 18-1):

舌下神经(第Ⅻ对): 位于延脑后端腹面中线两侧,分为数根发出。

副神经(第Ⅺ对): 在延脑侧面、舌下神经前外侧

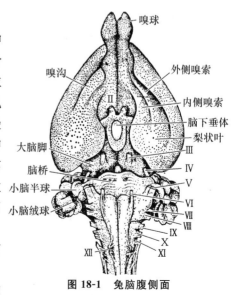

图 18-1　兔脑腹侧面
(仿杨安峰,1979)

面,分为数根发出。

迷走神经(第Ⅹ对):在延脑侧面,副神经之前,分为数根发出。

舌咽神经(第Ⅸ对):由延脑侧面发出,较细,与迷走神经、副神经排成一列。

听神经(第Ⅷ对)和面神经(第Ⅶ对):从延脑外侧、紧挨脑桥后方发出,位置在鼓泡内侧。因发出后很快即穿入内耳,须把鼓泡一点点剥离掉。每侧可见3支神经发出:前一支为面神经;后2支为听神经,向外侧延伸,在内耳道穿行。

外展神经(第Ⅵ对):在延脑腹面靠近腹中线处、延脑锥体前方发出,向前延伸,较细。

三叉神经(第Ⅴ对):由脑桥后缘两侧、面神经前方位置发出,并向前延伸。此神经较粗大。

滑车神经(第Ⅳ对):很细小的一对神经,由中脑底部大脑脚侧壁发出,伸向腹面,此处因有硬脑膜的小脑幕,可能会将滑车神经随小脑幕一起剥离掉。应先看清滑车神经的发出部位,将其剪断,留住神经根,再剥离小脑幕。

动眼神经(第Ⅲ对):靠近大脑脚中线两侧处发出,向前延伸。

脑下垂体与漏斗:脑下垂体在基蝶骨海绵孔背侧,为圆形突起,以漏斗体与间脑相连。因漏斗体周围有致密的硬脑膜结缔组织(鞍隔),极易被拉断,可在垂体周围留下少量的骨片,待以后细心分离。分离时在垂体四周剪几条放射状切口,将结缔组织取出。

视神经交叉(第Ⅱ对):来自视网膜的视神经在间脑腹面形成视神经交叉,位于垂体正前方。

嗅神经(第Ⅰ对):经筛骨的筛板孔连接嗅球,剥嗅球时已切断。

2. 枕部

沿枕骨大孔向外侧和上方剥离几块枕骨,将小脑卷和小脑半球剥出,小脑卷位于岩乳骨下方,剪骨片时要注意分寸,不可下剪(或刀)过深,以免损伤小脑卷。小脑卷和小脑半球相接处十分细窄,操作时要十分注意不要拉断或碰断。

3. 头骨背面和嗅脑的剥离

将鼻骨和额骨的前部掀起,可见到一对嗅球,嵌在筛骨筛板的筛窝中。将嗅球周围骨片剥离,注意不要使嗅球折断而与大脑半球分离。

嗅球剥出后再将脑背面骨片剥离,注意间脑顶部的带长柄的松果体,它紧贴脑硬膜。用解剖刀或剪将松果体从脑硬膜分离开,不要将它拉断。当嗅脑和松果体剥出后,可将背面骨片一同揭掉,留下一个完整的脑,放入盛有水的解剖盘中以待观察。

二、脑的观察

1. 脑膜

参看人脑标本(图18-2)。脑膜共分3层。

硬脑膜:最外层,紧贴骨片内壁的坚韧脑膜。

蛛网膜:位于中层,与内层紧贴,仅在脑沟处可看出,内层软脑膜随沟下陷,而蛛网膜越沟而过。

软脑膜:位于内层,极薄,紧贴于脑上,在脑沟处随沟而下。

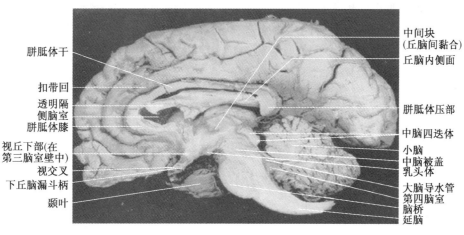

图 18-2　人脑正中矢状切面
(仿 Graaff,1994)

2. 脑背面观

参阅图 18-3。

大脑半球和间脑：大脑半球占脑的背面的绝大部分,表面沟回很少(参阅猫与人脑标本,其沟回明显),两大脑半球之间有大脑纵沟,硬脑膜在纵沟内形成大脑镰。纵沟后端露出间脑顶部,上有一带长柄的卵圆形松果体。将大脑与后面的小脑蚓部稍稍分开,可见间脑背壁的前脉络丛。轻轻分开两大脑半球,可见其间以一白色宽带相连,此为胼胝体。脉络丛是脑顶神经上皮物质与软脑膜相结合而成,中间有极丰富的血管。

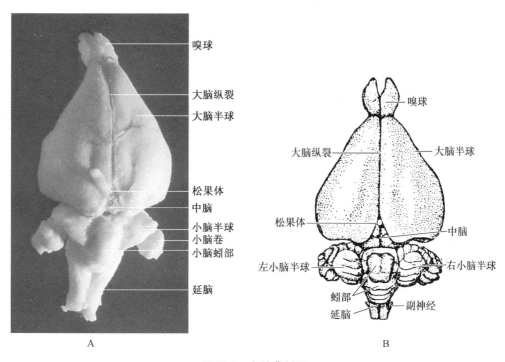

图 18-3　兔脑背侧面
A. 照片；B. 示意图

A. 实验部分

中脑：将大脑与小脑相接处轻轻分开，可见中脑。中脑包含 4 个丘状隆起，即四叠体，前两叶称前丘，为视觉反射中枢；后两叶称后丘，为听觉反射中枢。

小脑：大脑后面的部分，中央部分为小脑蚓部，两侧各有一小脑半球，半球外侧各连有一小脑卷。

延脑：延脑前部为小脑所盖，后接脊髓。将小脑后端稍稍抬起，可见延脑背壁覆盖着后脉络丛，下面为第四脑室。

3. 脑腹面观

参阅图 18-4。

梨状叶：为一三角形隆起，构成大脑的后腹部，是嗅脑的一部分。嗅脑包括嗅球、嗅束、梨状叶和海马。

脑下垂体和漏斗体：见前述。

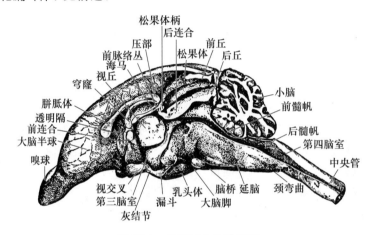

图 18-4　兔脑正中矢状切面
(仿杨安峰，1979)

大脑脚：中脑底部的加厚部分，是脑与脊髓之间传导的路径，位于漏斗体之后。

脑桥：连接在大脑脚之后，为小脑腹面隆起的部分，由横行的纤维束覆盖，并由一正中沟将其分为左、右两部。

延脑：位于脑桥后方，腹面有从脊髓延续来的腹正中裂，裂两侧的纵向隆起为锥体，由下行的皮质脊髓纤维束形成。

12 对脑神经的发出见前述，对照表 18-1 将它们从前向后观察一遍。

表 18-1　12 对脑神经的起点分布及机能

符号	名　称	表面起点	分　　　布	机能
Ⅰ	嗅神经	嗅球	嗅黏膜	感觉
Ⅱ	视神经	间脑	视网膜	感觉
Ⅲ	动眼神经	大脑脚	眼肌（上直肌、下直肌、下斜肌、内直肌）	运动
Ⅳ	滑车神经	大脑脚侧方	眼肌（上斜肌）	运动
Ⅴ	三叉神经	脑桥	头部与口的皮肤、咀嚼肌、舌、腭、上下唇、上下眼睑、鼻腔黏膜、齿、颊部、唾液腺	混合

续表

符号	名称	表面起点	分布	机能
Ⅵ	外展神经	延脑	眼肌(外直肌)	运动
Ⅶ	面神经	延脑	舌前端的味蕾、颌下腺、舌下腺、颜面皮肤肌、耳郭、颈部皮下肌	混合
Ⅷ	听神经	延脑	内耳考梯氏器、半规管、椭圆囊、球状囊	感觉
Ⅸ	舌咽神经	延脑	咽、舌后部、腮腺、咽壁肌肉	混合
Ⅹ	迷走神经	延脑	咽、喉、气管、食管、胸腹部各脏器	混合
Ⅺ	副神经	延脑	咽及喉横纹肌、胸乳突肌、锁乳突肌、斜方肌	运动
Ⅻ	舌下神经	延脑	舌肌、胸骨舌骨肌、胸骨甲状肌	运动

4. 脑正中矢状切面观

见图 18-4,18-5。

将兔脑置于解剖盘中,背面朝上,用双面刀片沿脑的背中线作纵切,将脑切成左右两部分,观察下列结构:

胼胝体:是一宽带状横行的白色纤维束,将左、右两大脑半球连接起来。

侧脑室:将胼胝体和下方的穹隆(弓状纤维束)分开,可见到向内陷入的空腔,即侧脑室,室内可见到前脉络丛的伸入(色深的结构)。

视丘和第三脑室:视丘为间脑的一部分,为成对的椭圆形体,构成第三脑室的侧壁。第三脑室呈环形,是一较狭窄的腔,前方与侧脑室以室间孔(孟氏孔)相通,后接大脑导水管。

四叠体和大脑导水管:中脑背部形成四叠体,已被切开的中脑间的空隙为大脑导水管,极狭窄,是连接第三与第四脑室的通路。大脑导水管在鲨鱼的中脑中很宽大,称中脑室。

小脑:从剖面上可分辨出表层灰色的皮层和内部白色的髓质两部分,白质深入到灰质中去,呈树枝状,故称小脑髓树。

第四脑室:位于延脑背部,上面盖以后脉络丛。

纹状体和海马:在纵切面上打开侧脑室,在侧脑室底部腹侧有两团物质,位于前方的灰色团块较小,为纹状体,协调机体的运动;位于后方的白色宽带状隆起为海马,它由脑前内侧斜向后外侧弯曲,延伸到梨状叶,剥去侧脑室顶壁,追踪观察海马与梨状叶的联系。

观察鲨脑、蟾蜍脑的示例标本和模型,与兔脑相比较,找出异同,说明各自代表的进化水平。

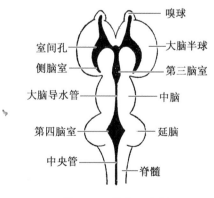

图 18-5 脑室示意图
(仿杨安峰,1979)

【实验后的整理工作】

因兔头用盐酸浸泡过,对解剖器有腐蚀作用,实验后务必要仔细冲洗解剖器,并将其擦干保存。

【作业】

绘兔脑背、腹面观以及12对脑神经的发出处,注明各部分名称。

【思考题】

1. 兔脑分哪几部分?各有什么重要结构?
2. 兔脑有哪几个脑室?分别在什么部位?中脑中有无腔室?
3. 梨状叶和海马由什么结构演变而来?
4. 如何从头骨判断脑下垂体的位置?
5. 试述12对脑神经的名称、发出部位和机能。
6. 以进化的观点比较鲨脑、蟾蜍脑、兔脑的不同,它们的演变趋势是什么?

B. 附　录

附录Ⅰ 实验注意事项

1. 通过实验课培养学生严谨、求实的科学态度,科学的工作作风和独立的工作能力,严格要求练好基本功。

(1) 必须做好实验课前的预习,认真阅读实验指导,弄清本实验的目的、要求、重点、顺序以及操作中应注意之处,做到心中有数。

(2) 实验中严格按照实验指导顺序进行,练习独立的动手操作,掌握解剖技术,逐步提高解剖技巧,尤其是对微细结构解剖的能力。

(3) 实验中认真做好笔记,实事求是地记录和绘出所观察到的结构,多思考问题。

(4) 将实验中所得到的感性知识联系课堂讲授,认真理解形态、机能和进化的关系,按时完成作业和对思考题的讨论,达到巩固和加深理论知识的目的。

2. 严格遵守实验室各项制度,培养严肃的工作作风。

(1) 不迟到,不早退。实验室内保持安静,不大声喧哗或随意走动。

(2) 爱护标本、模型、挂图、解剖器械和实验室内其他公物。

(3) 实验中注意保持实验桌面和解剖盘内的整洁,把要清除的动物的组织和器官与准备观察的材料分放在解剖盘内的不同位置;解剖器械的摆放要合理、顺手,并注意安全。实验后要将解剖器械和解剖盘清洗干净,并擦干。

(4) 注意实验室的整洁卫生,不得随意丢弃物件。值日生在每次实验后做好清洁卫生,拧紧水管龙头,关灯并关好门窗。

(5) 注意节约用水和其他能源。

附录Ⅱ 实验用解剖器械的名称、使用和维护

解剖刀(图1) 用以切开皮肤或切割组织、脏器,使用时一般采用执钢笔方式的执刀法。解剖刀有两种:一种是带柄刀,刀刃不大锋利;另一种是由锋利刀片和刀柄两部分组成,使用时将刀片安装在刀柄上。带柄刀在用力切割或分离骨骼附近组织时使用;而带刀片的解剖刀适用于切割皮肤和软组织,使用时刀刃不可触及坚硬物,实验后将刀片拆下擦洗干净。刀片在变钝或有裂口时应拆换新刀片,以保持解剖刀的锋利。刀柄的另一端可做为钝分离器;如分离肌肉块、打开下颌骨联合和耻骨合缝等。

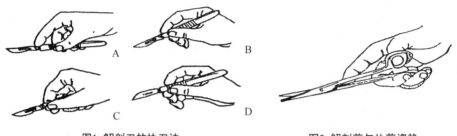

图1 解剖刀的执刀法　　　　图2 解剖剪与执剪姿势

解剖剪(图2) 用于剪肌肉、皮肤、软骨、结缔组织或分离组织等。解剖剪的两个剪尖中,一头圆钝,一头尖锐。使用时将圆钝头朝下,可以不损伤其他被触及的组织,尤其是在剪开动物腹部体壁打开体腔时可不伤及内脏。解剖剪不可用于剪坚硬物。

解剖镊(图3) 用于夹提、分离器官或组织。解剖镊有两种,一为圆头镊,一为尖头镊。在夹起较大或较厚的组织,或提拉、清除皮肤、肌肉、脂肪和结缔组织时多使用圆头镊;而在脏器、血管、神经、脑组织附近作精细操作时则应使用尖头镊。尖头镊不宜用于提拉坚韧组织或夹持坚硬物质,以免镊尖变形。

图3 解剖镊与执镊姿势　　　　图4 骨剪

骨剪(图4) 用于剪断硬骨组织。

探针 用以破坏蟾蜍的脑和脊髓。探针还可用来深入管腔探索孔道。

实验结束后必须把所有用过的实验器械洗净擦干,整齐地放回解剖器械盒内,以备下次使用。

附录Ⅲ 脊椎动物的方位和切面

在对脊椎动物进行解剖和观察时,为了描述或指示体内各种器官结构的位置和方向,常使用一些特殊名词。下面介绍在动物解剖学中确定部位的一些术语(图1)。

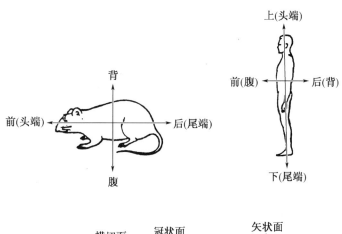

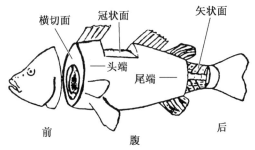

图1 脊椎动物的方位和切面

背侧和腹侧 动物四肢着地时,与地面相反的一侧称为背侧(dorsalis);向着地面的一侧为腹侧(ventralis)。在人体解剖学中有时用前(anterior)、后(posterior)两词代替腹侧和背侧。

头端和尾端 朝向头部的一端称头端(cranialis)或前端;朝向尾部的一端称尾端(caudalis)或后端。在人体解剖学中头端称为上端(superior)。

内侧和外侧 更靠近正中矢状切面者称内侧(medialis);相反,距正中矢状切面较远者称外侧(lateralis)。

近端和远端 距身体中心较近者称为近端(proximalis),相反者称远端(distalis)。

浅和深 距体表或器官表面近者为浅(superficialis),相反,居体内或器官内部的为深(profundus)。

上述成对的方位术语,用来表示部位、结构或器官的相对位置关系时,都是相比较而使用的。

脊椎动物一般都具有两侧对称的体制,在身体上可作出3个相互垂直的平面:

矢状面(sagittal section) 沿身体前(头)、后(尾)正中线所作的垂直切面,将身体分为左、右相等的两半,此切面为正中矢状切面;与正中矢状切面相平行的任何垂直切面,均称为矢状面。

横切面(transverse section)　与矢状面相垂直,将身体分为相等或不相等的前、后部分的切面。

冠状面(或称额切面,frontal section)　沿头端至尾端的切面,但与矢状面垂直,将身体切成相等或不相等的背、腹两部分。

附录Ⅳ 兔、蟾蜍动、静脉血管注射简要方法

1. 配制染料

(1) 水合氯醛 4 g 溶于 200 mL 水中，配成 2% 浓度的溶液；

(2) 淀粉 160 g 加入 160 mL 的(1)溶液中；

(3) 95% 乙醇 40 mL 加入(2)溶液中；

(4) 染料(可在文体用品商店购得)40 g(20 g 黄色，20 g 蓝色)溶于(3)溶液中：

——黄色料 20 g 溶解于一半的(3)溶液中；

——蓝色料 20 g 溶解于一半的(3)溶液中；

配成后体积在 170~200 mL 间，同时还可再用酒精稀释。

2. 蟾蜍循环系统注射

蟾蜍乙醚麻醉致死，固定于解剖盘。打开体腔，暴露出围心腔，露出心脏和动脉干。用尖镊子分离开动脉干。再将右侧腹壁剪一小口，将小肠和肠系膜拉出一小部分。

(1) 动脉注射

在动脉圆锥基部穿过两条线，将心脏向上翻起，在心脏背面，用一条线结扎于心房和心室之间。吸取黄色染液 5 mL 从心室注入，当针头进入心室，用拇指与食指捏住针头扎入位置，防止染液流出，另一手轻轻推进针管，染液将沿动脉圆锥进入动脉弓。注入约 3~5 mL 后，见到肠系膜内小动脉出现黄色，即可停止注射，用另一条线在心室和动脉圆锥之间进行结扎。

(2) 肝门静脉系统

将腹壁稍偏中线一侧的皮肤和肌肉，作一纵切口，把腹壁内面位于中线的腹静脉分离出来，穿过两条棉线。吸取蓝色染料 5 mL，针头自两线之间刺入，由于静脉壁很薄，插针头时必须小心。从腹静脉向前注入一部分，然后把针头稍微向上抬起，注入的颜料就会向后注入后肢近端的静脉血管。注射完后结扎两条线。

3. 兔动脉系统注射

家兔处死，将其颈部腹面两侧用水打湿，剪开皮肤(一定要一点一点地提起来剪开)，直至胸骨柄。在操作时靠兔的左侧剪。将皮肤分离，露出颈部肌肉和气管。气管两侧各有一条颈静脉，其下为两条颈动脉。将动脉与两侧组织分开。吸取黄色染液 20 mL，用 12 号针头将染料注入颈动脉，方向对着胸腔。注意观察兔肠系膜上的动脉血管，当看到已经有黄色颜料充盈，就可停止注射，然后用止血钳夹住待其凝固。

附录Ⅴ 脊索动物分类概要

脊索动物门(Chordata)有三大基本特征：具有脊索、背神经管、鳃裂。现存脊索动物约有41 000种,分属于3个亚门,即尾索动物亚门、头索动物亚门和脊椎动物亚门。

尾索动物亚门(Urochordata) 脊索和背神经管大多仅存在于幼体,成体体外有被囊。均为海产,营自由生活或附着生活,单体或群体。代表动物,柄海鞘。

头索动物亚门(Cephalochordata) 终生具有脊索、背神经管和咽鳃裂,均为海栖。代表动物,文昌鱼。

脊椎动物亚门(Verbebrata) 脊索或多或少被脊柱代替,有头、脑、附肢的分化。现存脊椎动物分为7纲。

圆口纲(Cyclostomata) 无上、下颌,无成对的附肢。代表实验动物,七鳃鳗。

软骨鱼纲(Chondrichthyes) 内骨骼全由软骨组成,无硬骨;鳃间隔发达,鳃裂直接开口于体表;体表被盾鳞或退化;口腹位,横裂;尾鳍为歪尾形;雄性具有交配器(鳍脚);无鳔。代表实验动物,鲨鱼。

硬骨鱼纲(Osteichthyes) 内骨骼大部分为硬骨,有鳃盖骨;体表硬鳞、圆鳞或栉鳞,或无鳞;口端位、上位或下位;尾鳍多为正尾形;雄性一般无交接器;大多具鳔。代表实验动物,鲤鱼。

两栖纲(Amphibia) 营水陆两栖生活。有典型五趾型四肢,皮肤裸露。幼体用鳃呼吸,成体用肺呼吸。代表实验动物,蛙或蟾蜍。

爬行纲(Reptilia) 真正的陆栖动物,皮肤干燥,体被角质鳞或角质盾片。五趾型四肢发达,指趾端具角质爪。鼓膜内陷。体内受精,胚胎发育过程中产生绒毛膜、羊膜和尿囊膜,属羊膜动物。代表实验动物,石龙子。

鸟纲(Aves) 在爬行类基础上适应飞翔生活的一支特化的高等脊椎动物。全身被羽,体呈流线形;前肢变为翼,骨骼为气质骨;恒温,心脏分为两心房两心室,血液循环为完全双循环;产大型羊膜卵。代表实验动物,家鸡。

哺乳纲(Mammalia) 是脊椎动物中发展最高级的一纲,全身被毛,心脏分为两心房两心室,血液循环为完全双循环;胎生(单孔类除外),哺乳,大脑皮层极发达,有极复杂行为。代表实验动物,家兔。

参看附录Ⅵ,了解脊椎动物各纲在地质史上的发展变化和彼此间的亲缘关系。

附录Ⅵ 脊椎动物地质史上的发展简表

宙 Eon	代 Era	纪 Period	世 Epoch	同位素定年 （百万年前）	生物进化的主要事件
显生宙 Phanerozoic	新生代 Cenozoic	第四纪	全新世	0.01	
			更新世	1.8	人类发展
		新近纪	上新世	5.3	人类祖先出现
			中新世	23.5	哺乳动物和被子植物继续辐射
		古近纪	渐新世	33.7	灵长目动物（包括猿）起源
			始新世	53	多数现代哺乳动物起源
			古新世	65	哺乳动物、鸟类和传粉昆虫适应辐射
	中生代 Mesozoic	白垩纪		135	被子植物出现
		侏罗纪		203	恐龙时代来临
		三叠纪		250	最早的恐龙、哺乳类和鸟类出现
	古生代 Paleozoic	二叠纪		295	大量海洋无脊椎动物灭绝；爬行类适应辐射，似哺乳类爬行动物和大多数现代昆虫起源
		石炭纪		355	爬行类起源，两栖类繁盛，最早的种子植物出现
		泥盆纪		410	硬骨鱼类多样性增长，最早的两栖类和昆虫出现
		志留纪		435	无颌类多样化，出现最早的有颌类，维管植物和节肢动物登上陆地
		奥陶纪		500	海洋藻类繁盛
		寒武纪		540	大多数现代动物门起源（寒武纪大爆发），最早的脊索动物出现
元古宙 Proterozoic				560	埃迪卡拉动物群
				580	最早的动物胚胎化石
				1200	真核藻类开始多细胞化
				1900	最早的真核生物化石
				2500	大气中自由氧开始积累
太古宙 Archean				3500	最早的原核生物化石
				3800	
冥古宙 Hadean				4600	地球起源

参 考 书 目

曹承刚,刘克.人体解剖学.北京:中国协和医科大学出版社,2007.

程红,陈茂生.动物学实验指导.北京:清华大学出版社,2005.

丛连玉,侯连海,吴肖春,等.扬子鳄的大体解剖.北京:科学出版社,1998.

崔芝兰等编著.脊椎动物比较解剖学实验讲义(校内讲义),1957.

李明德.鱼类分类学.北京:海洋出版社,1998.

罗默 A S.脊椎动物身体.杨白仑译.北京:科学出版社,1985.

马克勤,郑光美主编.脊椎动物比较解剖学.北京:高等教育出版社,1985.

马克勤编著.脊椎动物比较解剖学实验指导.北京:高等教育出版社,1986.

南开大学实验动物解剖学编写组.实验动物解剖学.北京:人民教育出版社,1980.

上海第一医学院主编.组织胚胎学.北京:人民卫生出版社,1979.

唐军民,李英,卫兰,崔彩莲.组织学与胚胎学彩色图谱.北京:北京大学医学出版社,2003.

陶锡珍编著.脊椎动物比较解剖学实验.台北:欧亚书局,1994.

汪松,解焱,王家骏.世界哺乳动物名录.长沙:湖南教育出版社,2001.

杨安峰编著.脊椎动物学.2版.北京:北京大学出版社,1992.

杨安峰等编著.兔的解剖.北京:科学出版社,1979.

杨安峰主编.脊椎动物学实验指导.北京:北京大学出版社,1984.

郑光美.世界鸟类分类与分布名录.北京:科学出版社,2002.

郑光美等编著.脊椎动物学实验指导.北京:高等教育出版社,1991.

郑作新.中国鸟类系统检索.北京:科学出版社,1964.

郑作新编著.脊椎动物分类学.北京:农业出版社,1982.

中国野生动物保护协会主编.中国两栖动物图鉴.郑州:河南科学技术出版社,1999.

周本湘.蛙体解剖学.北京:科学出版社,1956.

Boring A M. Laboratory Directions for Vertebrate Comparative Anatomy(燕京大学校内讲义),1941.

Gilbert S G. Pictorial Anatomy of the Dogfish. Washington:University of Washington Press,1978.

Hildebrand M. Analysis of Vertebrate Structure. 2nd. New York:Wiley,1982.

Graaff K M, Crawley J L. A Photograph Atlas for the Biology Laboratory. 2nd. Colorado:Morton Publishing Company,1994.

Kent G C. Anatomy of the Vertebrates ,a Laboratory Guide. London:The C V Moshy Company,1978.

Kent G C. Comparative Anatomy of the Vertebrates. 6th. St Louis:Times Mirror/Mosby College Publishing,1987.

Saul W. Atlas and Dissection Guide for Comparative Anatomy. 2nd. San Francisco:W H Freeman and Company,1972.